普通高等教育土建学科专业“十二五”规划教材
国家示范性高职院校工学结合系列教材

屋面与防水工程施工

（建筑工程技术专业）

曹洪吉　程　丽　主　编

中国建筑工业出版社

图书在版编目(CIP)数据

屋面与防水工程施工/曹洪吉,程丽主编. —北京:中国建筑工业出版社,2010.9（2022.7重印）
（普通高等教育土建学科专业“十二五”规划教材. 国家示范性高职院校工学结合系列教材. 建筑工程技术专业）
ISBN 978-7-112-12432-9

Ⅰ.①屋… Ⅱ.①曹… ②程… Ⅲ.①屋顶-建筑防水-工程施工 Ⅳ.①TU761.1

中国版本图书馆 CIP 数据核字(2010)第 171539 号

本书共分 4 个单元，内容为：建筑防水材料，地下防水工程施工，屋面防水工程施工和厕浴间防水施工与外墙防水控制。

本书既可作为建筑工程技术专业、建设工程监理专业学生相关课程的教材，也可作为相关技术人员的参考用书。

责任编辑：朱首明　刘平平
责任设计：董建平
责任校对：张艳侠　赵　颖

普通高等教育土建学科专业“十二五”规划教材
国家示范性高职院校工学结合系列教材
屋面与防水工程施工
（建筑工程技术专业）
曹洪吉　程　丽　主编

*

中国建筑工业出版社出版、发行（北京西郊百万庄）
各地新华书店、建筑书店经销
北京红光公司制版
北京建筑工业印刷厂印刷

*

开本：787×1092 毫米　1/16　印张：7¼　字数：172 千字
2010 年 9 月第一版　2022 年 7 月第九次印刷
定价：**16.00** 元
ISBN 978-7-112-12432-9
（19697）

序

20世纪90年代起，我国高等职业教育进入快速发展时期，高等职业教育占据了高等教育的半壁江山，职业教育迎来了前所未有的发展机遇，特别是国家启动示范性高职院校建设项目计划，促使高职院校更加注重办学特色与办学质量、深化内涵、彰显特色。我校自2008年成为国家示范性高职院校建设单位以来，在课程体系与教学内容、教学实验实训条件、师资队伍、专业及专业群、社会服务能力等方面进行了深化改革，探索建设具有示范特色的教育教学体制。

本系列教材是在工学结合思想指导下，结合“工作过程系统化”课程建设思路，突出“实用、适用、够用”特点，遵循高职教育的规律编写的。本系列教材的编者大部分具有丰富的工程实践经验和较为深厚的教学理论水平。

本系列教材的主要特点有：（1）突出工学结合特色。邀请施工企业技术人员参与教材的编写，教材内容大多采用情境教学设计和项目教学方法，所采用案例多来源于工程实践，工学结合特色显著，以培养学生的实践能力。（2）突出实用、适用、够用特点。传统教材多采用学科体系，将知识切割为点。本系列教材以工作过程或工程项目为主线，将知识点串联，把实用的理论知识和实践技能在仿真情境中融会贯通，使学生既能掌握扎实的理论知识，又能学以致用。（3）融入职业岗位标准、工作流程，体现职业特色。在本系列教材编写中根据行业或者岗位要求，把国家标准、行业标准、职业标准及工作流程引入教材中，指导学生了解、掌握相关标准及流程。学生掌握最新的知识、熟知最新的工作流程，具备了实践能力，毕业后就能够迅速上岗。

根据国家示范性建设项目计划，学校开展了教材编写工作。在编写工程中得到了中国建筑工业出版社的大力支持，在此，谨向支持或参与教材编写工作的有关单位、部门及个人表示衷心感谢。

本系列教材的付梓出版也是学校示范性建设项目成果之一，欢迎提出宝贵意见，以便在以后的修订中进一步完善。

徐州建筑职业技术学院

2010.9

前　言

本教材是在徐州建筑职业技术学院“国家示范性高等职业院校”的建设中根据建筑工程技术专业培养方案的基本要求，结合高职高专教学改革的实践经验和多年的教学经验，为适应高职高专国家示范性建筑工程技术专业的教学需要而编写的。

本书按照《地下防水工程质量验收规范》(GB 50208—2002)、《屋面工程技术规范》(GB 50345—2004)、《屋面工程质量验收规范》(GB 50207—2002)、《防水涂料实验方法》(GBT 16777—2008)、《建筑室内防水工程技术规程》(CECS 196：2006)、《坡屋面建筑构造》(00J202-1)《弹性体改性沥青防水卷材》(GB 18242—2008) 及其他相应的规范、规程编写。

在编写过程中，本书以屋面和地下防水施工现场常用的施工方式为依据，以各种防水施工工艺过程为主线，将地下普通防水混凝土防水施工及附加防水层施工、屋面各个构造屋施工按照现场工艺过程编写成书，重点突出施工工艺及质量验收，同时根据课程内容安排针对性的教学案例及实训。本书注重职业技能，叙述深入浅出，通俗易懂，反映新材料、新技术、新理论、新标准和新规范。课堂练习和实训内容来源于工程实例、实图，致力于屋面与地下防水施工能力与质量验收能力的培养。满足应用型高等专门人才培养要求的需要。

本书由曹洪吉、程丽编写，陈年和主审。在编写过程中，得到了同行们的大力支持和帮助，并参考了一些公开出版和发表的文献，谨此表示衷心的感谢!

由于时间仓促，编者水平有限，书中不妥之处在所难免，恳请读者批评指正。

目 录

单元 1
建筑防水材料

引　　言

建筑工程地下室底板与外墙、屋面及厕浴间在使用功能上要求有一定的防水等级。建筑防水技术是一项综合性很强的系统工程，涉及防水设计、防水材料的质量和防水施工技术高低。防水材料是工程防水的基础材料，关系到建筑物的使用功能和耐久性。本单元主要介绍防水材料的种类、性能等知识。

学习目标

了解工程常用防水材料种类、性能

了解防水相关规范

了解建筑渗漏的危害、原因及正确选用防水材料

1.1 建筑防水的重要作用

学习目标

了解建筑渗漏的原因、部位，正确选用防水材料

关键概念

建筑渗漏　防水材料

1.1.1 建筑物渗漏的危害

我国每年因建筑渗漏造成的损失高达几十亿至上百亿元，并且随着建筑规模的不断扩大而增加。不仅是民用建筑存在渗漏，很多投资巨大的公用建筑以及桥梁、隧道等土木工程同样渗漏严重，例如 2004 年 8 月刚刚启用半个月的广州新白云国际机场航站楼，在一场暴雨后其 B 区屋顶就出现漏水，旅客们和机场安检人员都被淋湿，在这个总投资超百亿元的大型建筑中，还发现了航站楼主楼地下室等部位漏水；预算总投资 22.2 亿元的 205 国道博莱高速公路淄博段于 2002 年 8 月全线建成，通车 4 年多来，三座隧道衬砌出现大量裂缝，相继出现渗漏水现象；广州黄埔大道为广州内环路七条放射线之一，于 2001 年初建成通车，建成通车 5 年以来，黄埔大道隧道内不时出现渗水、瓷砖脱落的情况。虽经市政部门多次对其进行局部维修，但依旧是“治标不治本”。2006 年广州市政园林局出资 800 万元，对隧道进行一次彻底的渗漏治理大手术；北京地铁四号线菜市口至宣武门区间位于宣武门外大街，在隧道初期支护完成后，左段拱部及侧墙出现渗漏水现象，后来延伸到右线，使左右线隧道均出现大面积渗漏水，严重影响初期支护结构及地表和周围管线的安全；在南京九华山隧道工程成功问鼎“鲁班奖”之后 3 个多月，2006 年 1 月 19 日晚上开始，九华山隧道靠近龙蟠中路出口附近多处开始渗水，造成一股车道约 400m 长路段不能通行；实际投资超过 36 亿元的奥运工程“鸟巢”，在经历 2009 年 4 月份的一场春雨后，多处部位出现漏水现象，经技术人员初步分析，不排除是设计问题或施工质量未达标引起的，至于更多的民用建筑发生的渗漏就更不胜枚举。

建筑工程渗漏使建筑物内部潮湿，装饰材料变形、发霉、翘曲、空鼓、脱落，严重影响装饰效果及使用功能和人员的身体健康；由于厨房、厕浴间渗漏，容易影响邻里关系甚至影

响到社会的安定团结；甚至危及建筑物的结构安全，缩短其使用寿命。

渗漏对建筑物的危害主要体现在以下几方面：

(1) 建筑物渗漏水导致钢筋锈蚀

我国的建筑物多为钢筋混凝土结构，其内部存在许多在水泥水化时形成的氢氧化钙，呈强碱性能（即pH值为12～13)，它对钢筋可起到钝化和保护的作用。当结构体发生渗漏水时，水会把混凝土结构内部的氢氧化钙溶解并流失，碱性降低，在pH值小于11时，混凝土结构体内钢筋表面的钝化膜会被活化而生锈，所形成的氧化亚铁或三氧化二铁等铁锈的体积比原钢筋大2～3倍，由于这种膨胀应力的作用，使结构体开裂，增加了水和腐蚀性介质的侵入，造成恶性循环，最终将影响到结构安全。

(2) 建筑物渗漏水加速了混凝土的碱骨料反应

混凝土结构体内部粗、细骨料中若含有活性有害矿物，在水的作用下，均会发生碱骨料反应，导致混凝土结构工程的破坏。

(3) 建筑物吸收有害物质而破坏

当混凝土结构体没有进行防水密封处理时，混凝土则容易吸收酸雨，盐类以及氮氧化物、二氧化硫、二氧化碳等有害物质，从而进一步加速了钢筋的锈蚀和混凝土结构的破坏作用。

(4) 由于水的渗入而导致结构抗冻性破坏

在寒冷的北方，当渗入混凝土结构内部的水，在0℃以下时就会结冰，由于冰的体积比水大9%左右，使混凝土结构产生冻胀破坏。

1.1.2　工程渗漏的部位和原因

1　工程渗漏的部位

工程渗漏的部位常发生在建筑的以下部位：地下室、屋面、室内厕浴间、外墙门窗及外墙。发生在屋面部位主要有出屋面管道、变形缝、泛水、水落口；发生在室内部位主要有厕浴间、阳台的给排水管道穿楼板处；发生在外墙门窗主要有窗框、门框与墙体的接缝处；发生在外墙主要有墙面开裂，混凝土浇灌不密实，不同砌体接缝处以及外墙装修不严密砖墙勾缝处等；发生在地下室主要有施工缝、变形缝、后浇带、通道连接处等。

2　工程渗漏的原因

一般来说，导致建筑渗漏的原因主要有以下几种：

(1) 设计缺少规范化

随着防水材料研发能力的提高、规格品种的多元化，部分工程设计跟不上材料的变化，很难按照建筑物的等级进行相应的设计，导致防水施工规范要求每个工程都应附有的详图、细部结构图、节点图等资料得不到落实，施工企业在施工时只能凭传统方式进行，工程质量得不到保证。

(2) 防水材料中以假乱真、以次充好，偷工减料、混淆材料标准现象普遍存在

业主对防水工程重视不足，在成本核算时不按照市场规律办事，随意压缩防水工程造价，致使多数防水工程的中标价等于或低于成本，施工企业为了生存，只能降低材料标准和施工质量。

(3) 施工队伍素质低、缺少固定专业工人

建筑防水施工的季节性较强，而很多施工企业为了降低人员费用，基本没有固定工人，有工程时就到劳动力市场随便找民工或者将没有特殊工种的土建人员临时拉来进行防水施工，导致新材料、新工艺无法发挥优势。

(4) 防水施工方案缺乏严肃性

根据防水施工规范要求，防水工程中标后，应有防水专业施工单位根据设计图纸编制施工方案，由设计单位、总承包单位、监理单位、业主联合对方案评审，确认后不得随意变更。但实际运作中很难按照上述程序进行。施工单位都根据施工组织设计，由施工员编写防水方案，存档处理。

(5) 各类工程施工时各自为政，缺乏系统性

由于防水工程比较复杂，有的建筑部位需先做防水，此后再进行其他作业，由于缺乏保护意识，后续作业单位根本不对已完成的防水层加以保护，最终导致渗漏发生。

(6) 业主不按照科学规律盲目加快施工进度，在一定程度上造成工程渗漏

实践表明，工程一旦发生渗漏，治理费用及经济损失的代价是十分昂贵的，特别是墙面工程和地下工程，仅治理费用一项可达原防水费用的 5～10 倍，所以要十分重视防水工程。

1.1.3 正确选择和合理使用建筑防水材料

防水材料由于品种和性能各异，各有不同的优缺点，也各有相应的适用范围和要求，尤其是新型防水材料的推广使用，更应掌握这方面的知识。正确选择和合理使用建筑防水材料，是提高防水质量的关键，也是设计和施工的前提，为此应注意以下几点：

1 材料的性能和特点

建筑防水材料可分为柔性和刚性两大类。柔性防水材料拉伸强度高、延伸率大、重量小、施工方便，但操作技术要求较严格，耐穿刺性和耐老化性能不如刚性防水材料。刚性防水材料主要包括防水砂浆和防水混凝土，施工工艺简单，造价低，但适应结构变形差，防水效果不如卷材。柔性防水材料中的防水卷材，工厂化生产，厚薄均匀，质量比较稳定，施工效率高，其缺点是卷材搭接较多，接缝处易脱开，对复杂表面及不平整基层施工难度大；防水涂料其性能和特点与其刚好相反，可以无缝施工，但其强度低，延伸率小，依附基层的质量。同是卷材，合成高分子卷材、高聚物改性沥青卷材和沥青卷材也各有不同的优缺点。由此可见，在选择防水材料时，必须注意其性能和特点。

2 建筑物功能与外界环境要求

正确选择和合理使用建筑防水材料，还应根据建筑物结构类型、防水构造形式以及节点部位、外界气候情况（包括温度、湿度、风向、紫外线等）、建筑物的结构形式（现浇或装配式）与跨度、屋面坡度、地基变形程度、防水层暴露及施工环境情况等决定相适应的材料。例如选择防水卷材，屋面防水卷材主要要求耐高温，延伸率大，耐候性好；而地下工程选用防水卷材主要要求柔韧性好，延伸率大。

3　施工条件和市场价格

在选择防水材料时，还应考虑到施工条件和市场价格因素。例如合成高分子防水卷材可分为弹性体、塑性体和加筋合成纤维三大类，不仅用料不同，而且性能差异也很大，施工可采用冷粘法、自粘法、热风焊接法。除此之外考虑到所选用的材料在当地的实际使用效果、防水卷材相配套的胶粘剂、施工工艺等，同时还应进一步考虑防水层能否适应基层的变形问题。同样防水涂料、密封材料也有很多品种，也有各自种类的技术指标，选择时也应考虑上述因素。

1.2　建筑防水材料

学习目标

了解建筑防水材料的种类、性能

了解防水施工前准备

关键概念

防水材料、分类

1.2.1　防水材料的分类

随着现代材料科学与工程技术的发展，建筑防水材料的品种、数量越来越多，性能各异。建筑防水材料依据其外观及塑性特征可分为防水卷材、防水涂料、密封材料、刚性防水材料四大系列。这四大系列根据材料组成又可划分为上百个品种。

1　柔性防水材料

(1) 防水卷材

防水卷材主要有沥青类防水卷材、改性沥青类防水卷材、合成高分子防水卷材等，其中每类防水卷材根据改性材料不同，又分为很多种类。沥青类防水卷材由于其防水年限短，施工过程麻烦，逐渐淡出现场；高聚物改性沥青类防水卷材和合成高分子防水卷材是当前屋面和地下防水中应用的主流品种。图 1-1 和图 1-2 为高聚物改性沥青防水卷材和合成高分子防水卷材。

(a) (b)

图 1-1 高聚物改性沥青防水卷材

(a) 热熔法施工卷材；(b) 自粘法施工卷材

(a) (b)

图 1-2 合成高分子防水卷材

(a) 弹性体防水卷材；(b) 塑性体防水卷材

高聚物改性沥青防水卷材是应用量最大的一类防水材料，广泛应用于屋面和地下结构Ⅰ～Ⅲ防水等级。其生产流程见图 1-3。

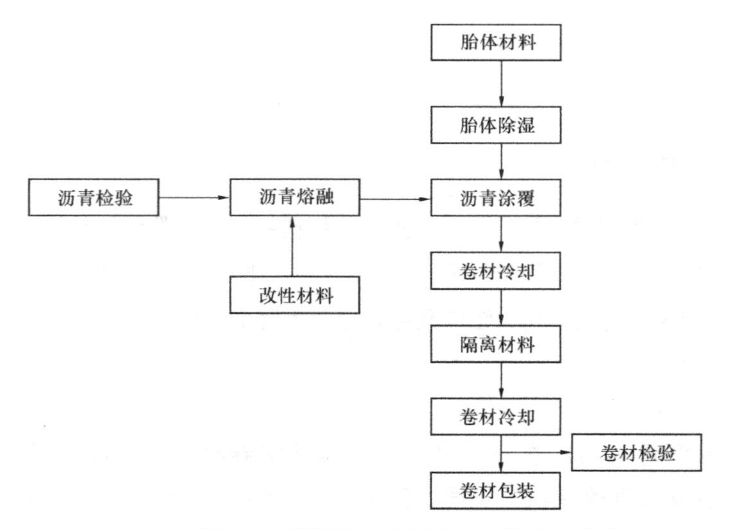

图 1-3 高聚物改性沥青防水卷材生产流程

(2) 防水涂料：防水涂料应用较多，种类有沥青类防水涂料、改性沥青类防水涂料、合成高分子防水涂料、水泥基类防水涂料等。两种防水涂料外形见图 1-4。

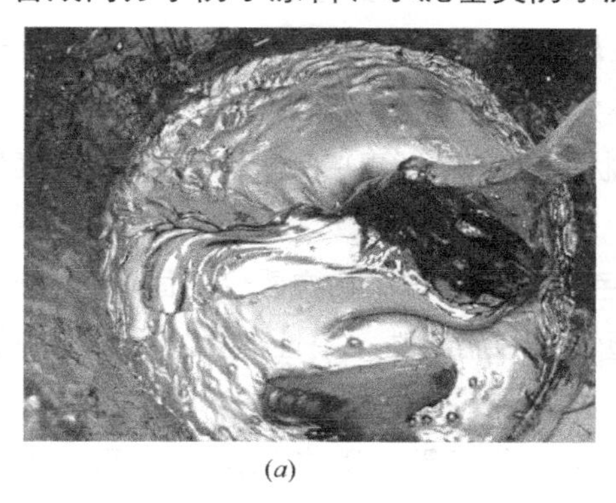
(*a*)

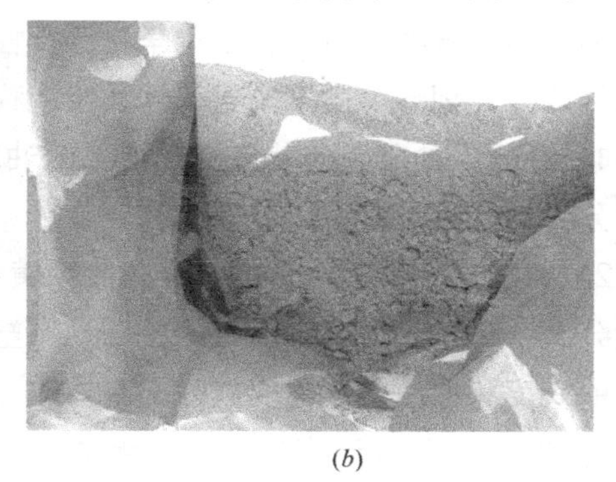
(*b*)

图 1-4　改性沥青和水泥基防水涂料

(*a*) 改性沥青防水涂料；(*b*) 水泥基渗透结晶防水涂料

(3) 密封材料：是表面能成膜且具较高粘结强度的膏状防水材料，也可称为油膏，它还具有弹性、柔韧性和耐老化性，是修补工程裂缝、嵌缝防水的材料。

2　刚性防水材料

刚性防水材料是指使用过程中变形很小，刚性大的一类材料，主要有防水混凝土和外加剂防水混凝土、防水砂浆、堵漏材料、屋面瓦等（图 1-5）。

(*a*)

(*b*)

图 1-5　刚性防水材料

(*a*) 细石混凝土防水层；(*b*) 屋面瓦

刚性防水材料施工简单，造价低，耐久性好，但其抗压不抗拉，延伸差，防水效果比柔性材料稍差。

1.2.2　防水材料的性能与应用

1　沥青防水材料性能与应用

沥青材料是一种有机胶凝材料，呈黑色黏稠状或固态。其特性是具有一定的防水性、一定的塑性、耐久性，是改性沥青类防水材料的主要基体。沥青材料按其来源主要有石油沥青和煤沥青两种，工程中应用最多的是石油沥青。

(1) 石油沥青的组分

石油沥青是由许多高分子碳氢化合物及其非金属（主要为氧、硫、氮等）衍生物组成的复杂混合物。将沥青中化学成分及性质极为接近，并且与物理力学性质有一定关系的成分，划分为若干个组，这些组就称为“组分”。

1) 油分　油分为淡黄色至红褐色的油状液体，是沥青中分子量最小和密度最小的组分，油分赋予沥青以流动性。

2) 树脂（沥青脂胶）　沥青脂胶为黄色至黑褐色黏稠状物质（半固体），分子量比油分大，它赋予沥青以良好的粘结性、塑性和可流动性。中性树脂含量增加，石油沥青的延度和粘结力等品质越好。

3) 地沥青质（沥青质）　地沥青质为深褐色至黑色固态无定形物质（固体粉末），分子量比树脂更大，地沥青质是决定石油沥青温度敏感性、黏性的重要组成部分，其含量越多，则软化点越高，黏性越大，即越硬脆。

(2) 石油沥青的技术性质

1) 黏滞性

石油沥青的黏滞性又称黏性。黏滞性应以绝对黏度表示，但因其测定方法较复杂，所以工程中常用相对黏度（条件黏度）来表示黏滞性，对使用黏稠（半固体或固体）的石油沥青用针入度表示，对液体石油沥青则用黏滞度表示。针入度反映了石油沥青抵抗剪切变形的能力。针入度值越小，表明黏度越大。

2) 塑性

塑性指石油沥青在外力作用下产生变形而不破坏，除去外力后，仍能保持变形后的形状的性质。沥青的塑性对冲击振动荷载有一定吸收能力，并能减少摩擦时的噪声，石油沥青的塑性用延度表示。延度越大，塑性越好。

3) 温度敏感性

温度敏感性是指石油沥青的黏滞性和塑性随温度升降而变化的性能。温度敏感性以软化点指标表示。由于沥青材料从固态至液态有一定的变态间隔，故规定以其中某一状态作为从固态转变到黏流态的起点，相应的温度则称为沥青的软化点。沥青的脆点是反映温度敏感性的另一个指标，它是指沥青从高弹态转到玻璃态过程中的某一规定状态的相应温度，该指标主要反映沥青的低温变形能力。寒冷地区应用的沥青应考虑沥青的脆点。沥青的软化点愈高，脆点愈低，则沥青的温度敏感性越小。

根据我国现行石油沥青标准，在工程建设中常用的石油沥青分道路石油沥青、建筑石油沥青和普通石油沥青等。道路石油沥青、建筑石油沥青和普通石油沥青都是按针入度指标来划分牌号的。在同一品种石油沥青材料中，牌号愈小，沥青愈硬；牌号愈大，沥青愈软。同时随着牌号增加，沥青的黏性减小（针入度增加），塑性增加（延度增大），而温度敏感性增大（软化点降低）。

(3) 石油沥青制备防水材料

沥青基防水材料是以沥青为基体，加入胎体、粉状或纤维状改性材料或溶剂配制的卷材或液态防水材料，主要种类有沥青防水卷材及改性沥青防水卷材、沥青胶（沥青玛琋脂）与冷底子油、沥青及改性沥青防水涂料等。

1）沥青防水卷材

凡用原纸或玻璃布、石棉布、棉麻织品等胎料浸渍石油沥青（或焦油沥青）制成的卷状材料，称为浸渍卷材（有胎卷材）。将石棉、橡胶粉等掺入沥青材料中，经碾压制成的卷状材料称为辊压卷材（无胎卷材）。这两种卷材通称沥青防水卷材。主要有普通原纸胎基油毡和油纸和新型有胎沥青防水卷材。

2）沥青胶

沥青胶又称沥青玛琋脂，它是在熔（溶）化的沥青中加入粉状或纤维状的填充料经均匀混合而成。填充料粉状的有滑石粉、石灰石粉、白云石粉等；纤维状的有石棉屑、木纤维等。沥青胶的常用配合比为沥青 70%～90%，矿粉 10%～30%。如需要沥青黏性较低，矿粉可多掺一些。一般矿粉越多，沥青胶的耐热性越好，粘结力越大，但柔韧性降低，施工流动性也会随之变差。

3）冷底子油

冷底子油是用汽油、煤油、柴油、工业苯等有机溶剂与沥青材料溶合制得的沥青涂料。它的黏度小，能渗入到混凝土、砂浆、木材等材料的毛细孔隙中，待溶剂挥发后，便与基材牢固结合，使基层具有一定的憎水性，为粘结同类防水材料创造了有利条件。因它多在常温下用作防水工程的打底材料，涂刷在水泥砂浆、混凝土基层或金属配件的基层上作基层处理剂，它可使基层表面与卷材沥青胶结料之间形成一层胶质薄膜，以此来提高其胶结性能。

4）高聚物改性沥青防水卷材

传统的沥青防水卷材缺点：消耗大量的纸、施工条件差，污染环境，低温脆裂、高温流淌，老化龟裂、腐烂渗漏，使用寿命短。

高聚物改性沥青防水卷材以各种弹性和弹塑性的高分子塑料和橡胶为改性材料，加入到沥青中制备的防水材料，使用年限长、技术性能好、施工操作简单、低污染等。高聚物改性沥青防水卷材是以改性后沥青为涂盖材料，以玻璃纤维或聚酯无纺布为胎基制备的柔性防水卷材。

高聚物改性沥青防水卷材主要品种有 SBS 改性沥青防水卷材，其特点是弹性高，延伸率大，耐疲劳性好，低温，柔性好，应用：屋面、地下室、卫生间等防水，尤其适合寒冷地区。APP 改性沥青防水卷，其特点是弹性好、有突出的热稳定性和抗光辐射性，应用：高温和强烈太阳辐射的屋面。

5）沥青防水涂料和改性沥青防水涂料

沥青基防水涂料主要是水乳型的，将石油沥青在乳化剂的作用下，经乳化机（搅拌机）强烈搅拌而制成。沥青基涂料一般是做成厚质涂料，如膨润土乳化沥青、石棉乳化沥青等，由于沥青没有经过改性，其低温柔性和抗开裂性都不好，一般只能用在不太重要的防水工程中，其用量正逐渐减少，将被逐渐淘汰。

聚合物改性沥青防水涂料主要产品有水乳型丁苯橡胶沥青防水涂料、溶剂型和水乳型氯丁橡胶沥青防水涂料、溶剂型和水乳型 SBS 改性沥青涂料等，这一类产品比沥青基防水涂料的性能优良，应该具有良好的市场前景。

2　合成高分子防水卷材的性能与应用

合成高分子防水卷材是以合成橡胶、合成树脂或它们两者的共混体为基料，加入适量的化学助剂和填充剂等，采用橡胶或塑料的加工工艺所制成的可卷曲片状防水材料。具有抗拉强度高、延伸率大、抗撕裂强度好、耐热耐低温性能优良、耐腐蚀耐老化，单层施工冷作业等特点。可以应用在具有良好防水性能的屋面、地下工程，适用防水等级为Ⅰ、Ⅱ屋面防水工程。其种类有：橡胶基、树脂基、橡胶共混型三类等。

(1) 橡胶基防水卷材

1) 三元乙丙橡胶防水卷材

三元乙丙橡胶防水卷材三元乙丙橡胶简称 EPODM，是以乙烯、丙烯和双环戊二烯等三种单体共聚合成的橡胶为主体，掺入适量的丁基橡胶、软化剂、补强剂、填充剂、促进剂和硫化剂等，经过配料、密炼、拉片、过滤、热炼、挤出或压延成型、硫化、检验、分卷、包装等工序加工制成可卷曲的高弹性防水材料。

三元乙丙橡胶防水卷材是目前防水性能最优的防水卷材，广泛适用于防水要求高，耐用年限长的工业与民用建筑的防水工程，特别适用于屋面工程做单层外露防水，其次用于工业与民用建筑的屋面及地下工程、贮水池、市政、地铁、隧道等工程防水，尤其适用于耐久性、耐腐蚀性要求高和易变形的工程。

2) 丁基橡胶防水卷材

丁基橡胶为主料，辅以多种助剂，经混炼、精炼、压延成型，其特点是：具有突出的耐老化性，耐低温（－40℃）、耐高温（120℃），耐用年限超过 10 年；环保产品，无污染，不易燃，绝缘性能优良，特别适用于旧屋面维修，原防水层无须拆除；冷施工，操作简单，防水工程造价低。适用于各种气候环境下的工业区与民用建筑的屋面、地下、厕浴间，市政工程，桥梁涵洞，水利工程的防水、防渗、防潮以及各种旧屋面的维修工程。

(2) 树脂基防水材料

1) 聚氯乙烯防水卷材

聚氯乙烯防水卷材，是以聚氯乙烯树脂（PVC）为主要原料，掺入适量的改性剂、抗氧剂、紫外线吸收剂、着色剂、填充剂等，经捏合、塑化、挤出压延、整形、冷却、检验、分卷、包装等工序加工制成可卷曲的片状防水材料。

PVC 卷材的突出特点是拉伸强度高，断裂伸长率也较大，耐高低温性能好、可采用冷粘法、热风焊接法施工。与三元乙丙橡胶防水卷材相比，PVC 防水卷材性能稍逊，但其优势是原材料丰富，价格比合成橡胶便宜。主要应用于屋面、地下室以及水坝、水渠等工程防水抗渗等。

2) 氯化聚乙烯防水卷材

以含氯量30%～40%的氯化聚乙烯树脂为主要原料，掺加适量的化学助剂和大量的填充材料，经过捏合、塑炼、压延等工序制成。其特点是耐候性、耐臭氧性、耐老化性提高，阻燃效果提高。

氯化聚乙烯—橡胶共混防水卷材：是以氯化聚乙烯（聚乙烯的氯化产物）树脂和合成橡胶共混物为主体，加入各种适量的助剂和填料，经混炼、压延或挤出等工序制成的防水卷材。

氯化聚乙烯—橡胶共混防水卷材兼有塑料和橡胶的特点。它不仅具有氯化聚乙烯所特有的高强度和优异的耐臭氧、耐老化性能，而且具有橡胶类材料所特有的高弹性、高延伸性和良好的低温柔性。

氯化聚乙烯—橡胶共混防水卷材的性能指标已接近三元乙丙橡胶防水卷材，其适用范围和施工方法与三元乙丙橡胶防水卷材基本相同。但原材料丰富，价格比三元乙丙低是其优势。

3　合成高分子防水涂料的性能与应用

合成高分子防水涂料是以合成橡胶或合成树脂为主要成膜物质，加入其他辅助材料而配制成的单组分或多组分的防水涂膜材料。合成高分子防水涂料的种类繁多，不易明确分类，通常情况下，一般都按化学成分即按其不同的原材料来进行分类和命名。如进一步简单地按其形态进行分类，则主要有三种类型：第一类为乳液型，属单组分高分子防水涂料中的一种，其特点是液态防水涂料中的水分蒸发而成膜；第二类为溶剂型，是单组分防水涂料中的一种，其特点是经液状防水材料中的溶剂挥发成膜；第三类为反应型，属双组分型高分子材料，其特点是用液状高分子材料作为主剂与固化剂进行反应而成膜（固化）。高分子防水涂料的具体品种更是多种多样，如聚氨酯、丙烯酸、硅橡胶（有机硅）、氯磺化聚乙烯、氯丁橡胶、丁基橡胶、偏二氯乙烯涂料以及它们的混合物等。

合成高分子防水涂料最常用的有聚氨酯防水涂料和丙烯酸酯防水涂料等。聚氨酯防水涂料是单组分或双组分化学反应固化型的高弹性防水涂料，涂刷在基层表面上，经过常温交联固化，能形成一层橡胶状的整体弹性涂膜，可以阻挡水对基层的渗透而起到防水作用。聚氨酯涂膜具有弹性好、延伸能力强，对基层的伸缩或开裂适应性强，温度适应性好，耐油、耐化学药品腐蚀性能好，涂膜无接缝。适用于高层建筑屋面结构复杂的设有刚性保护层的上人屋面，施工方便，应用广泛。丙烯酸酯防水涂料是一种丙烯酸酯类共聚树脂乳液为主体配制而成的水乳型涂料。可与水乳型氯丁橡胶沥青防水涂料和水乳型再生橡胶沥青防水涂料等配合使用，使防水层具有浅色外观。涂料形成的涂膜成橡胶状，柔韧性、弹性好，能抵抗基层龟裂时产生的应力。可以冷施工，可涂刷、刮涂和喷涂，施工方便，该涂料以水为稀释剂，无溶剂污染，不燃、无毒，施工安全除此之外，还可调制成各种色彩，使屋面具有良好的装饰效果。

4　刚性防水材料的性能与应用

刚性防水材料是指以水泥、砂石为原材料，或其内掺入少量外加剂、高分子聚合物等材料，通过调整配合比、抑制或减小孔隙率、改变孔隙特征，增加密实性等方法，配制成具有一定抗渗能力的水泥砂浆混凝土类防水材料。

刚性防水材料按其胶凝材料的不同可分为两大类：一类是以硅酸盐水泥为基料，加入无机或有机外加剂配制而成的防水砂浆、防水混凝土，如加气防水混凝土，聚合物砂浆等；另一类是以膨胀水泥为胶凝材料配制的防水砂浆、防水混凝土，如膨胀水泥防水混凝土等。刚性防水材料施工简单，造价低，可作为承重用于地下结构，也可单独防水或作为一道防水用于屋面。

5 防水密封材料的性能与应用

建筑密封材料是指填充于建筑物的各种接缝、裂缝、变形缝、门窗框、幕墙材料骤变或其他结构连接处，起水密、气密作用的材料。建筑密封材料必须具备非渗透性；优良的粘结性、施工性、抗下垂性；良好的伸缩性，能经受建筑物及构件因温度、风力、地震、振动等作用引起的接缝变形的反复变化；具有耐候、耐热、耐寒、耐水等性能。

建筑密封材料的品种很多，可分类如图 1-6 所示。

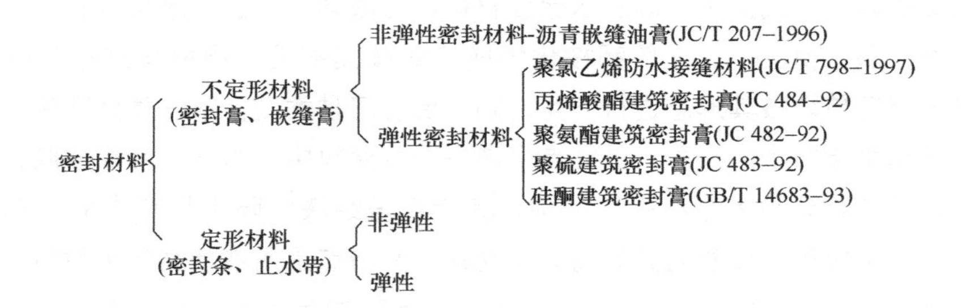

图 1-6 建筑密封材料分类

沥青嵌缝油膏性能较差，以煤焦油和聚氯乙烯为主要原料生产的聚氯乙烯类防水密封材料性能也一般，而以性能优良的高分子材料生产的密封材料，如丙烯酸酯密封膏、聚硫密封膏、聚氨酯密封膏、硅酮密封膏，已成为主导产品，代表了密封材料的发展方向。

1.2.3 建筑工程对防水材料要求

作为建筑防水材料应具有如下性能：水密性、大气稳定性、温度稳定性好，有一定的抗渗能力、较好的力学性能；防水材料应吸水率低，浸泡后防水能力降低少，在阳光紫外线、臭氧老化下性能持久，高温不流淌变形，低温不脆断；在一定温度条件下，保持性能良好，能承受施工及变形条件下产生的荷载，具有一定强度和伸长率；同时施工性良好，便于施工，工艺简便，对人身和环境无污染。

1.2.4 防水施工前期准备

1 熟悉施工图纸

领会设计意图，解决可能出现的问题；掌握屋面构造、设防层次、采用材料、施工工艺及技术要求，节点构造等内容，对照施工图，认真分析和解决施工中可能出现的问题，使施工能顺利进行。

2　施工方案的讨论

施工段的划分；施工顺序；施工进度；施工工艺及操作要点、细部节点的做法；质量标准及其保证措施；成品保护及安全注意事项等。

3　对有关人员的技术交底

进一步对施工人员进行新材料、新工艺、新技术的介绍，结合现场实际向全体施工人员进行施工管理、施工技术、成品保护、防火防毒交底，明确每个人的岗位责任。

4　检验程序的确定

确定检验工艺、层次。确定相应的检验内容、检验方法及记录。

5　施工记录填写的内容

填写内容为工程的基本状况，包括工程项目、地点、性质、结构、层次、建筑面积、屋面防水面积、设计单位、防水构造层次、防水层用材料等。

施工状况是指施工单位、负责人、施工日期、气候及环境条件、基层及相关层次质量、防水层的材料名称及质量，所有的检验情况，材料用量及节点处理方法，有关的修正内容及措施。

工程检查及验收包括中间检查与验收、完工后蓄水检验、质量等级评定、有关质量问题及解决办法。

【实训】　防水卷材的性能试验——材料取样。

内容：选取高聚物改性沥青防水卷材，按照工程要求检查规格、型号、外观，材料取样并填写送样单。

课后讨论

1. 防水材料有哪些种类？每种又包括哪些种类？
2. 比较防水材料的性能？如何选择防水材料？
3. 哪些原因导致地下室渗漏？屋面渗漏和外墙渗漏呢？
4. 为减少建筑渗漏，在施工中应加强哪些环节？

单元小结

本章主要介绍了建筑渗漏的危害及原因，建筑防水材料的种类，防水材料的性能。建筑用防水材料主要包括柔性防水材料和刚性防水材料。柔性防水材料延伸性能好，能适应基层变形，防水效果好；刚性防水材料施工简单，造价低，可作为结构承重材料，但易开裂，防水效果与施工关系大。

单元课业

课业名称：调查附近工程防水材料应用情况

时间安排：1 周

一、课业说明

利用学生业余时间，通过学生实地考察施工现场，防水材料生产企业及防水材料市场，了解工程防水材料的现状，防水材料的种类、性能及应用。

二、背景知识

学习材料基本知识，建筑材料建筑施工

教材：本单元 1.2 内容

三、任务内容

1. 工作内容：考察施工现场，防水材料生产企业及防水材料市场，了解工程防水材料的现状，防水材料的种类、性能及应用
2. 形式：现场调查
3. 要求：收集产品资料、施工现场照片，整理材料的种类及性能，工程应用情况
4. 分组：防水卷材一组、防水涂料一组、防水密封材料一组、刚性防水材料一组

四、课业要求

1. 收集有关防水材料工程照片
2. 了解防水材料市场行情
3. 了解防水材料应用
4. 整理出防水材料的应用调查

单元 2

地下防水工程施工

引　　言

随着国民经济的发展，我国高层建筑发展迅速。高层建筑的深基础一般设有一层或多层地下建筑，大多处于常年水位以下，其结构防水极为重要。“防、排、截、堵相结合，刚柔相济，因地制宜，综合治理”的原则是我国建筑防水技术发展至今的实践经验总结。地下防水工程的设计和施工应遵循这一原则，并根据建筑功能及使用要求，按现行规范正确划定防水等级，合理确定防水方案，严格进行施工质量控制。本章主要介绍普通防水混凝土施工及其附加防水层施工。

学习目标

掌握普通防水混凝土施工工艺和质量控制

掌握地下卷材外防外贴防水施工工艺和质量控制

掌握地下防水砂浆施工工艺和质量控制

掌握地下防水工程细部做法

地下防水工程是采用防水混凝土结构自防水与附加防水层相结合的防水方式，以达到设计防水等级和防水年限。防水技术采用多道设防、刚柔并举的原则进行。刚性防水材料从普通防水混凝土向高性能、外加剂、纤维抗裂以及聚合物混凝土方向发展；柔性防水材料从普通纸胎沥青油毡向聚酯胎、玻纤胎高聚物改性沥青以及合成高分子片材方向发展；防水涂料和密封防水材料也从沥青基向高聚物改性沥青、高分子以及聚合物无机涂料方向发展。新材料、新技术、新工艺的推广促使我国地下防水应用技术水平有新的飞跃和提高。

2.1 地下工程防水等级与设防

2.1.1 地下工程防水等级

现行规范《地下工程防水技术规范》（GB 50108—2008）规定地下工程防水等级共分四个等级，其防水等级及适用范围见表2-1。

地下工程防水等级 表2-1

防水等级	标准	适用范围
一级	不允许渗水，结构表面无湿渍	人员长期停留的场所；因有少量湿渍会使物品变质、失效的贮物场所及严重影响设备正常运转和危及工程安全运营的部位；极重要的战备工程
二级	不允许漏水，结构表面可有少量湿渍 工业与民用建筑：总湿渍面积不应大于总防水面积（包括顶板、墙面、地面）的1/1000；任意100m^2防水面积上的湿渍不超过2处，单个湿渍的最大面积不大于0.1m^2 其他地下工程：总湿渍面积不应大于总防水面积的6/1000；任意100m^2防水面积上的湿渍不超过3处，单个湿渍的最大面积不大于0.2m^2，隧道工程还要求平均渗水量不大于0.05L/m^2·d，任意100m^2防水面积上的渗水量不大于0.15L/m^2·d	人员经常活动的场所；在有少量湿渍的情况下不会使物品变质、失效的贮物场所及基本不影响设备正常运转和工程安全运营的部位；重要的战备工程
三级	有少量漏水点，不得有线流和漏泥砂 任意100m^2防水面积上的漏水点数不超过7处，单个漏水点的最大漏水量不大于2.5L/d，单个湿渍的最大面积不大于0.3m^2	人员临时活动的场所；一般战备工程
四级	有漏水点，不得有线流和漏泥砂 整个工程平均漏水量不大于2L/m^2·d；任意100m^2防水面积的平均漏水量不大于4L/m^2·d	对渗漏水无严格要求的工程

根据国家标准《建筑工程施工质量验收统一标准》（GB 50300—2001）规定，地下防水工程为地基与基础分部工程中的一个子分部工程。其分部分项工程见表2-2。

地下防水工程的分项工程 表2-2

子分部工程	分项工程
地下防水工程	地下建筑防水工程：防水混凝土、水泥砂浆防水层，卷材防水层，涂料防水层，塑料板防水层，金属防水层，细部构造
	特殊施工法防水工程：锚喷支护，地下连续墙，复合式衬砌，盾构法隧道
	排水工程：渗排水，盲沟排水，隧道，坑道排水
	注浆工程：预注浆，后注浆，衬砌裂缝注浆

明挖法地下工程防水设防　　　　表 2-3

工程部位	主体					施工缝					后浇带				变形缝、诱导缝							
防水措施	防水混凝土	防水砂浆	防水卷材	防水涂料	塑料防水板	金属板	遇水膨胀止水条	中埋式止水带	外贴式止水带	外抹防水砂浆	外涂防水涂料	膨胀混凝土	遇水膨胀止水条	外贴式止水带	防水嵌缝材料	中埋式止水带	外贴式止水带	可卸式止水带	防水嵌缝材料	外贴防水卷材	外涂防水涂料	遇水膨胀止水条
防水等级	一级	应选	应选1～2种				应选2种					应选	应选2种			应选	应选2种					
	二级	应选	应选1种				应选1～2种					应选	应选1～2种			应选	应选1～2种					
	三级	应选	宜选1种				宜选1～2种					应选	宜选1～2种			应选	宜选1～2种					
	四级	宜选	–				宜选1种					应选	宜选1种			应选	宜选1种					

暗挖法地下工程防水设防　　　　表 2-4

工程部位		主体				内衬砌施工缝					内衬砌变形缝、诱导缝				
防水措施		复合式衬砌	离壁式衬砌、衬套	贴壁式衬砌	喷射混凝土	外贴式止水带	遇水膨胀止水条	防水嵌缝材料	中埋式止水带	外涂防水涂料	中埋式止水带	外贴式止水带	可卸式止水带	防水嵌缝材料	遇水膨胀止水条
防水等级	一级	应选1种				应选2种					应选	应选2种			
	二级	应选1种				应选1～2种					应选	应选1～2种			
	三级			应选1种		宜选1～2种					应选	宜选1种			
	四级			应选1种		宜选1种					应选	宜选1种			

2.1.2 地下工程防水设防

地下工程的防水设防要求，应根据使用功能、使用年限、水文地质、结构形式、环境条件、施工方法及材料性能等因素确定。明挖法和暗挖法地下防水工程设防要求见表 2-3 和表 2-4。

2.2 普通防水混凝土施工

以混凝土自身的密实性而具有一定防水能力的混凝土或钢筋混凝土结构形式称之为混凝土结构自防水。它兼具承重、围护功能，且可满足一定的耐冻融和耐侵蚀要求。随着混凝土工业化、商品化生产和与其配套的先进运输及浇捣设备的发展，它已成为地下防水工程首选的一种主要结构形式，其造价低，工序简单，施工方便，广泛适用于一般工业与民用建筑地下工程的建（构）筑物，如地下室、地下停车场、水池、水塔、地下转运站、桥墩、码头、水坝等。本节主要介绍普通防水混凝土施工工艺、质量控制、防水细部构造等知识。

学习目标

掌握普通防水混凝土施工准备、施工工艺、质量控制、防水细部构造

关键概念

防水混凝土

2.2.1 普通防水混凝土要求

防水混凝土的环境温度不得高于 80℃；处于侵蚀性介质中防水混凝土的耐侵蚀要求应根据介质的性质按有关标准执行。防水混凝土可通过调整配合比，或掺加外加剂、掺合料等措施配制而成，其抗渗等级不得小于 P6。防水混凝土的施工配合比应通过试验确定，试配混凝土的抗渗等级应比设计要求提高 0.2MPa。防水混凝土应满足抗渗等级要求，并应根据地下工程所处的环境和工作条件，满足抗压、抗冻和抗侵蚀性等耐久性要求。表 2-5 为工程埋深与抗渗等级关系。

防水混凝土结构底板的混凝土垫层，强度等级不应小于 C15，厚度不应小于 100mm，在软弱土层中不应小于 150mm。防水混凝土结构，应符合下列规定：

①结构厚度不应小于250mm；②裂缝宽度不得大于0.2mm，不得贯通；③钢筋保护层厚度应根据结构的耐久性和工程环境选用，迎水面钢筋保护层厚度不应小于50mm。

防水混凝土设计抗渗等级　　表2-5

工程埋置深度 H (m)	设计抗渗等级
$H<10$	P6
$10\leqslant H<20$	P8
$20\leqslant H<30$	P10
$H\geqslant30$	P12

2.2.2　普通防水混凝土施工

1　施工准备

(1) 作业准备

钢筋、模板工序已经完成，并已办理钢筋隐蔽工程验收，进行预检手续，检查穿墙杆件是否已做好防水处理，模板内杂物清理干净并提前浇水润湿。

施工员在防水混凝土浇筑前应根据施工组织设计编写防水施工方案，计算工程量，制定材料需求计划，确定混凝土配合比和施工办法（包括分层高度、分段浇筑顺序、振捣要求、运输线路、浇筑顺序等），根据设计要求及工程实际情况制定特殊部位施工技术措施，并按设计资料和施工方案，进行施工技术交底和安全交底，安排作业人员数量，明确各自职责。

(2) 材料准备：

1) 水泥：对于自拌混凝土配合比要求，水泥强度等级不低于32.5MPa，用量不得少于300kg/m^3；当掺有活性掺合料时，不得少于280kg/m^3。水灰比不得大于0.55。在不受侵蚀性介质和冻融作用的条件下，宜采用普通硅酸盐水泥、硅酸盐水泥、火山灰质硅酸盐水泥、粉煤灰硅酸盐水泥；若选用矿渣硅酸盐水泥，则必须掺用高效减水剂。在受侵蚀性介质作用的条件下，应按介质的性质选用相应的水泥。例如：在受硫酸盐侵蚀性介质作用的条件下，可采用火山灰质硅酸盐水泥、粉煤灰硅酸盐水泥，或抗硫酸盐硅酸盐水泥。在受冻融作用的条件下，应优先选用普通硅酸盐水泥，不宜采用火山灰质硅酸盐水泥和粉煤灰硅酸盐水泥。

不得使用过期或受潮结块的水泥；不得使用混入有害杂质的水泥；不得将不同品种或不同强度等级的水泥混合使用。水泥品种宜采用硅酸盐水泥、普通硅酸盐水泥，采用其他品种水泥时应经试验确定；粉煤灰的品质应符合现行国家标准《用于水泥和混凝土中的粉煤灰》(GB 1596—2005) 的有关规定，粉煤灰的级别不应低于Ⅱ级，烧失量不应大于5%，用量宜为胶凝材料总量的20%～30%，当水胶比小于0.45时，粉煤灰用量可适当提高。

2) 骨料：宜选用坚固耐久、粒形良好的洁净石子；最大粒径不宜大于40mm，泵送时其最大粒径不应大于输送管径的1/4；吸水率不应大于1.5%；不得使用碱活性骨料；砂宜选用坚硬、抗风化性强、洁净的中粗砂，不宜使用海砂；砂石的质量要求应符合国家现行标准《普通混凝土用砂石质量及检验方法标准》（JGJ 52—2006）的有关规定。

3）外加剂：防水混凝土可根据工程需要掺入减水剂、膨胀剂、防水剂、密实剂、引气剂、复合型外加剂及水泥基渗透结晶型材料，其品种和用量应经试验确定，所用外加剂的技术性能应符合国家现行有关标准的质量要求。

对于使用商品混凝土，施工员要与商品混凝土公司进行材料协调准备，提出商品混凝土的技术要求和供应要求，包括混凝土的强度等级、抗渗等级、混凝土的最大骨料粒径、坍落度、凝结时间、掺合料的种类及对混凝土养护要求、混凝土方量、供应的连续性等。

（3）施工工具

施工主要机具包括：搅拌运输车、车泵或拖式泵、布料机、搅拌机、机动翻斗车、磅秤、手推车、漏斗、串筒、试模等。

（4）安全施工准备

施工前应做好操作人员保护和施工机械的检修，对于施工机具和人员安全施工要求有：

1）混凝土搅拌机及配套机械作业前，应进行无负荷试运转，运转正常后开机工作；

2）搅拌机、皮带机卷扬机等应有专用开关箱，并装有漏电保护器，停机时应切断电源；

3）混凝土振捣器操作人员应穿胶鞋，戴绝缘手套，振动器应有漏电装置，不得挂在钢筋上；

4）使用钢模，应有导电措施，并设接地线，防止机电设备漏电。

施工时要求施工现场应平整，夜间施工照明有保障；冬期施工混凝土的入模温度不低于5℃，夏季施工，大体积混凝土采取降低原材料温度、减少混凝土运输时吸收外界热量等降温措施；采用掺化学外加剂方法施工时，应采取保温保湿措施。

2　防水混凝土施工

（1）工艺流程

施工准备→混凝土配制→混凝土运输→混凝土浇筑→混凝土养护

（2）操作要点

1）混凝土配制

选购商品混凝土应遵照《预拌混凝土》（GB/T 14902—2003）相关规定。胶凝材料用量应根据混凝土的抗渗等级和强度等级等选用，其总用量不宜小于320kg/m³；当强度要求较高或地下水有腐蚀性时，胶凝材料用量可通过试验调整。在满足混凝土抗渗等级、强度等级和耐久性条件下，水泥用量不宜小于260kg/m³，砂率宜为35%～40%，泵送时可增至45%。灰砂比宜为1∶1.5～1∶2.5。水胶比不得大于0.50，有侵蚀性介质时水胶比不宜大于0.45。防水混凝土采用预拌混凝土时，入泵坍落度宜控制在120～160mm，坍落度每小时损失值不应大于20mm，坍落度总损失值不应大于40mm。掺加引气剂或引气型减水剂时，混凝土含气量应控制在3%～5%。预拌混凝土的初凝时间宜为6～8h。混凝土应按照设计配合比配制，根据当天测定骨料含水率，计算施工配合比配制，各种材料用量应逐一计量，且每盘混凝土各组成材料计量结果的偏差符合表2-6规定。现拌混凝土投料顺序为：粗骨料、细骨料、水泥、掺合料、水、外加剂。投料先干拌0.5～1min，再加水，水分三次加入，加水后搅拌1～2min，比普通混凝土搅拌延长0.5min，普通防水混凝土坍落度不宜大于50mm，混凝土坍落度允许偏差见表2-7。

混凝土组成材料计量允许偏差（%）　　表2-6

混凝土组成材料	每盘计量	累计计量
水泥、掺合料	±2	±1
粗细骨料	±3	±2
水、外加剂	±2	±1

混凝土坍落度允许偏差　　表2-7

要求坍落度（mm）	允许偏差（mm）
≤40	±10
50～90	±15
≥100	±20

2）混凝土施工

混凝土运输供应保持连续均衡，间隔时间不得超过1.5h，夏季或运输较远可适当掺入缓凝剂，防水混凝土拌合围运输后如出现离析，浇筑前应进行二次拌合，当坍落度损失后不能满足施工要求，应加入原水灰比的水泥浆或二次掺加减水剂进行搅拌，严禁直接加水，使用泵送时，应预先泵水，再应用2～3m^{3}原配合比水泥砂浆润湿输送管内壁，并在间歇时保持一定余量，以免空气进入输送管造成重新泵送堵管。

防水混凝土应采用机械振捣，插入式振动器，插点间距不大于500mm，振捣时间宜为10～30s振捣到表面泛浆为止，避免漏振、欠振、过振，表面在用铁锹拍平拍实，待混凝土初凝后用铁抹子压平，以增加表面密实性。

防水混凝土应分层连续浇筑，分层厚度不得大于500mm。

3）防水混凝土养护

防水混凝土的养护是至关重要的。在浇筑后，如混凝土养护不及时，混凝土内部的水分将迅速蒸发，使水泥水化不完全，而水分蒸发会造成毛细管网彼此连通，形成渗水通道，同时混凝土收缩增大，出现龟裂，抗渗性急剧下降，甚至完全丧失抗渗能力。若养护及时，防水混凝土在潮湿的环境中或水中硬化，能使混凝土内的游离水分蒸发缓慢，水泥水化充分，水泥水化生成物堵塞毛细孔隙，因而形成不连通的毛细孔，提高混凝土的抗渗性。防水混凝土浇筑后4～6h应覆盖浇水养护，始终保持混凝土表面润湿，混凝土中心温度与表面温度的差值应不大于25℃，混凝土表面温度与大气温度差值不应大于25℃，养护时间不少于14d。

4）冬期施工

应根据工程所在地气候条件，确定冬期施工方案，对于一般寒冷地区，进入冬期施工阶段，应对砂石表面覆盖，下料时防止冰、雪、冻结块进入搅拌机，必要时可对水适当加热，加热温度不大于60℃，适当延长搅拌时间，保证混凝土入模温度不低于5℃，采用综合蓄热法保温养护，冬期施工掺入的防冻剂应选合格环保产品，拆模时混凝土表面温度与环境温度不大于15℃。

2.2.3 防水混凝土质量控制

防水混凝土质量控制应从原材料质量、混凝土拌合物的施工性、施工过程及养护等方面进行，主控的项目是防水混凝土的原材料质量配合比、强度、抗渗性和施工细部做法能否满足设计要求。

1 防水混凝土的原材料、配合比、坍落度必须符合设计要求。检验方法：检查出厂合格证，质量检验报告、计量措施和现场抽样试验报告。

2 防水混凝土的抗压强度和抗渗压力必须符合设计要求。检验方法：检查混凝土的抗压、抗渗报告。

3 防水混凝土的变形缝、施工缝、后浇带、穿墙管道、预埋件等设置和构造必须符合设计要求，严禁有渗漏。检测方法：观察检查和检查隐蔽工程验收记录。

4 防水混凝土结构表面坚实、平整，不得有漏筋、蜂窝等缺陷，预埋件位置正确。检查方法：观察和尺量检查。

5 严格控制混凝土内部裂缝宽度，对处于与土体直接接触的混凝土构件，规定的最大裂缝宽度为0.2mm，对特殊重要工程、薄壁构件或处于侵蚀性水中的结构，其裂缝宽度允许值应在0.1～0.5mm，检测方法：用刻度放大镜检查。

6 防水混凝土结构厚度不应小于250mm。其允许偏差为+15mm，－10mm；迎水面钢筋保护层厚度不应小于50mm，其允许偏差为±10mm，检查方法：尺量和检查隐蔽工程记录。

2.2.4 安全环保措施

必须落实安全措施，牢固树立安全思想，切实做好预防工作，所有施工人员须经安全培训方能上岗，施工员在技术交底前必须进行安全交底，特殊工种持证上岗，操作人员遵章守纪，杜绝违章指挥和违章作业，正确佩戴安全帽，防水混凝土施工期间应以防漏电保护，防机械事故为重点，现场设立安全宣传牌、标语和安全警示标志。

2.2.5 防水混凝土的细部防水构造

1 施工缝（图2-1）

防水混凝土应连续浇筑，宜少留施工缝。当留设施工缝时，墙体水平施工缝不应

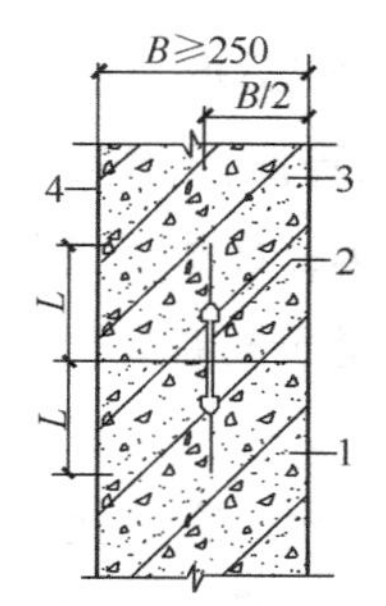

施工缝防水构造(一)
钢板止水带 $L \geqslant 150$；橡胶止水带 $L \geqslant 200$；
钢边橡胶止水带 $L \geqslant 120$；
1—先浇混凝土；2—中埋止水带；
3—后浇混凝土；4—结构迎水面

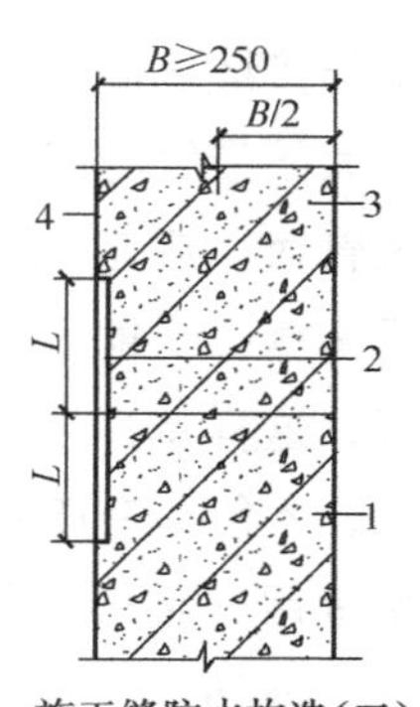

施工缝防水构造(二)
外贴止水带 $L \geqslant 150$；外涂防水涂料 $L=200$；
外抹防水砂浆 $L=200$；
1—先浇混凝土；2—外贴止水带；
3—后浇混凝土；4—结构迎水面

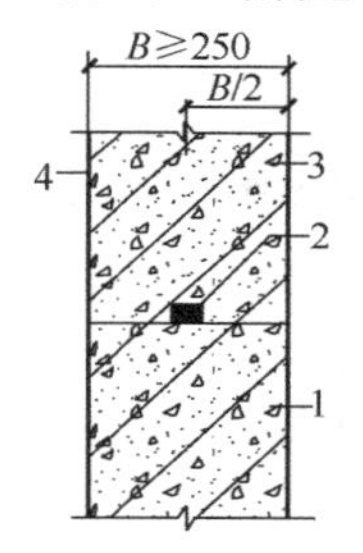

施工缝防水构造(三)
1—先浇混凝土；2—遇水膨胀止水条(胶)；
3—后浇混凝土；4—结构迎水面

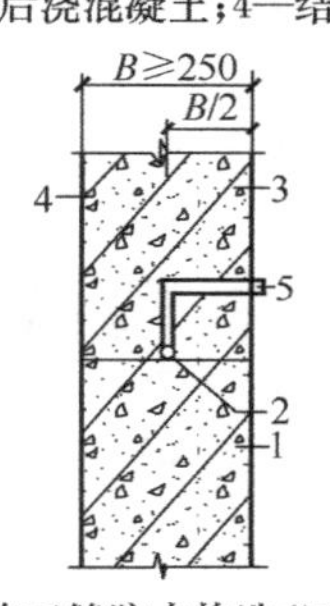

施工缝防水构造(四)
1—先浇混凝土；2—预埋注浆管；
3—后浇混凝土；4—结构迎水面；
5—注浆导管

图 2-1　施工缝防水构造

留在剪力最大处或底板与侧墙的交接处，应留在高出底板表面不小于 300mm 的墙体上。拱（板）墙结合的水平施工缝，宜留在拱（板）墙接缝线以下 150～300mm 处。墙体有顶留孔洞时，施工缝距孔洞边缘不应小于 300mm。垂直施工缝应避开地下水和裂隙水较多的地段，并宜与变形缝相结合。用于施工缝的防水措施有很多种，如外贴止水带、外贴防水卷材、外涂防水涂料等，虽造价高，但防水效果好。施工缝上敷设腻子型遇水膨胀止水条或遇水膨胀橡胶止水条的做法也较为普遍，且随着缓胀问题的解决，此法的效果会更好。中埋式止水带用于施工缝的防水效果一直不错，中埋式止水带从材质上看，有钢板和橡胶两种，从防水角度上这两种材料均可使用。防护工程中，宜采用钢板止水带，以确保工程的防护效果。目前预埋注浆管用于施工缝的防水做法应用较多，防水效果明显。

水平施工缝浇筑混凝土前，应将其表面浮浆和杂物清除，然后铺设净浆或涂刷混凝土界面处理剂、水泥基渗透结晶型防水涂料等材料，再铺 30～50mm 厚的 1∶1 水泥砂浆，并及时浇筑混凝土；垂直施工缝浇筑混凝土前，应将其表面清理干净，再涂刷混凝土界面处理剂或水泥基渗透结晶型防水涂料，并应及时浇筑混凝土；遇水膨胀止水条（胶）应与接缝表面密贴；选用的遇水膨胀止水条（胶）应具有缓胀性能，7d的净膨胀率不宜大于最终膨胀率的60%，最终膨胀率宜大于220%；采用中埋式止水带或预埋式注浆管时，应定位准确、固定牢靠。使用遇水膨胀止水条要特别注意防水，由于需先留沟槽、受钢筋影响，操作不方便，很难填实，如果后浇混凝土未浇之前逢雨就会膨胀，这样将失去止水的作用。另外清理施工缝表面杂物时，冲水之后应立即浇捣混凝土，不能留有膨胀的时间。

中埋止水带宜用一字形，但要求墙体厚度不小于300mm，它的止水作用，不如外贴式止水带好，外贴止水带拒水于墙外，使水不能进入施工缝。中埋止水带，水已进入施工缝中，可以绕过止水带进入室内，为此建议多用外贴止水带。

2　地下室外墙对拉螺栓（图2-2）

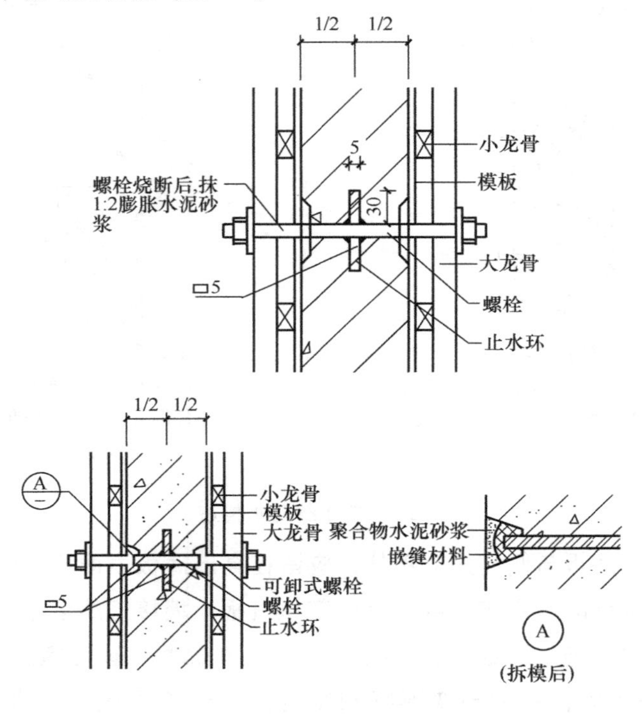

图2-2　外墙对拉螺栓防水构造

用于固定模板的螺栓必须穿过混凝土结构时，可采用工具式螺栓或螺栓加堵头，螺栓上应加焊方形止水环。拆模后应将留下的凹槽用密封材料封堵密实，并应用聚合物水泥砂浆抹平。

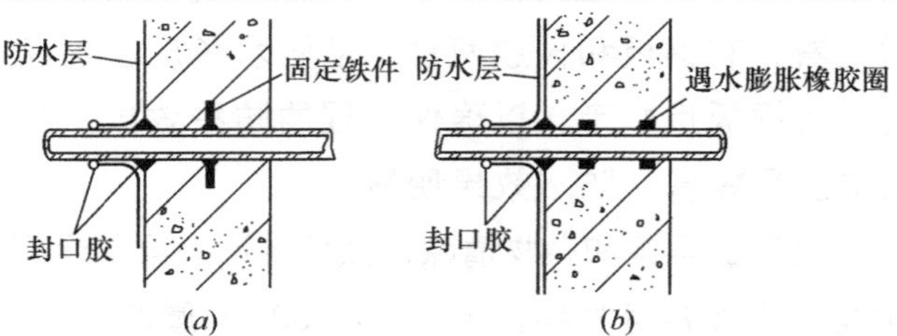

图2-3　直埋穿墙管

3　穿墙管（图2-3、图2-4）

埋设方式有两种：一种是直埋，一种是加套管。无论采用何种方式，必须与墙外防水层相结合，严密封堵，不能与

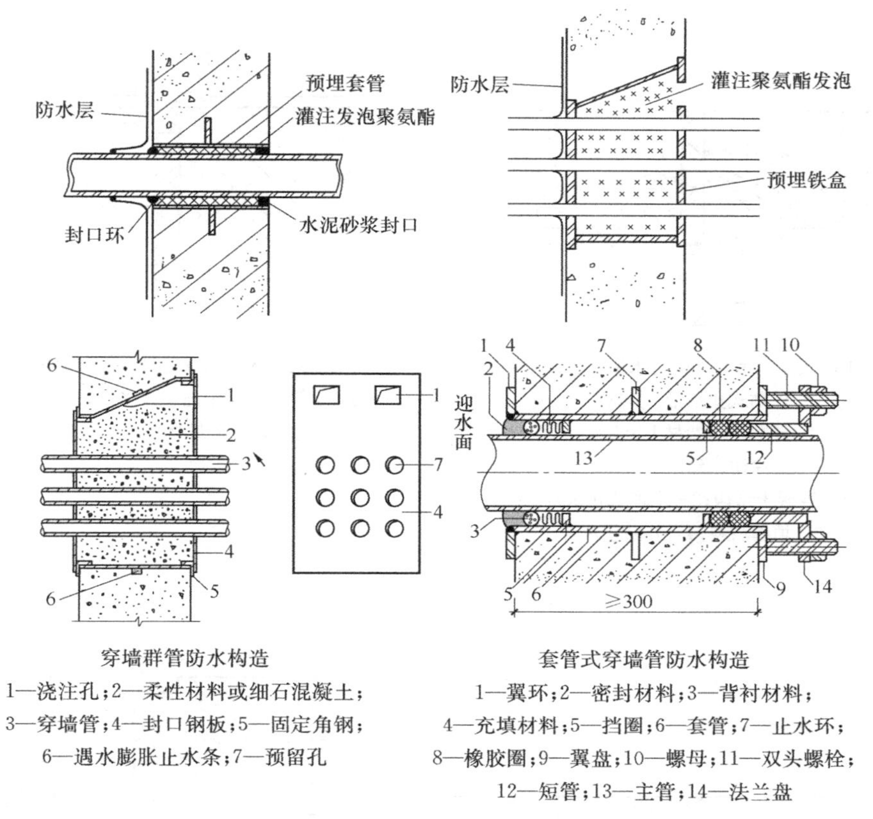

穿墙群管防水构造
1—浇注孔；2—柔性材料或细石混凝土；
3—穿墙管；4—封口钢板；5—固定角钢；
6—遇水膨胀止水条；7—预留孔

套管式穿墙管防水构造
1—翼环；2—密封材料；3—背衬材料；
4—充填材料；5—挡圈；6—套管；7—止水环；
8—橡胶圈；9—翼盘；10—螺母；11—双头螺栓；
12—短管；13—主管；14—法兰盘

图 2-4　加套管穿墙管

外墙防水层离开。为了保证防水施工和管道的安装方便，穿墙管位置应离开内墙角或凸出部位 250mm。如果几根穿墙管并列，管与管之间间距应大于 300mm。穿管盒的埋设和施工较为复杂，应注意以下几点：预留洞四周边埋角钢框；封口钢板打孔穿管，穿管与封口钢板焊接要严密；封口钢板与边框角钢焊接严密；穿墙盒内填充松散物质，如发泡聚氨酯或沥青玛𤧛脂等，也有防水功能。

4　变形缝

变形缝的构造比较复杂，施工难度较大，地下室发生渗漏常常在此部位，修补堵漏也很困难。变形缝应满足密封防水、适应变形、施工方便、检修容易等要求。变形缝两侧由于建筑沉降不等，产生沉降差，因沉降差导致止水带拉伸变形，防水层拉裂，嵌缝材料揭开等现象多有发生。一般沉降差不要超过 30mm。出现变形缝的原因有二：其一，是防止建筑物沉降不均匀，使建筑造成断裂，故预先留缝，沉降时各自独立运动，建筑免于破坏；其二，两栋建筑施工时间不同时，相距数月乃至几年，然而内部的使用要求必须沟通。无论哪种情况应但尽量少设变形缝，或采用诱导缝、后浇带、加强带来代替。

变形缝的宽度由结构设计决定。建筑越高，变形缝越宽。一般宽为 20～30mm 左右。变形缝处的混凝土不小于 300mm 厚。变形缝的几种复合防水构造形式见图 2-5、图 2-6。

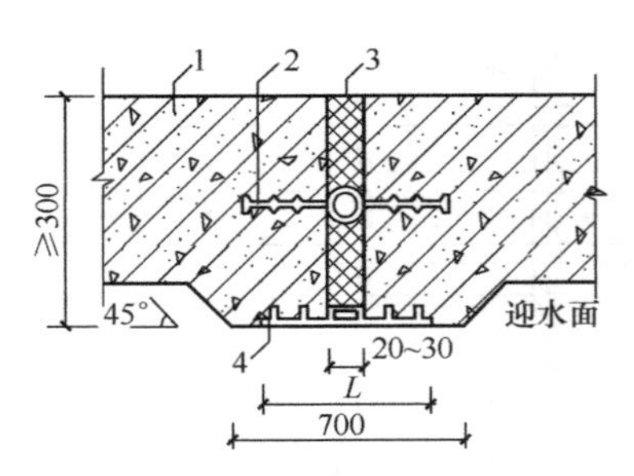

中埋式止水带与外贴防水层复合使用
外贴式止水带 $L \geqslant 300$
外贴防水卷材 $L \geqslant 400$
外涂防水涂层 $L \geqslant 400$
1—混凝土结构；2—中埋式止水带；
3—填缝材料；4—外贴止水带

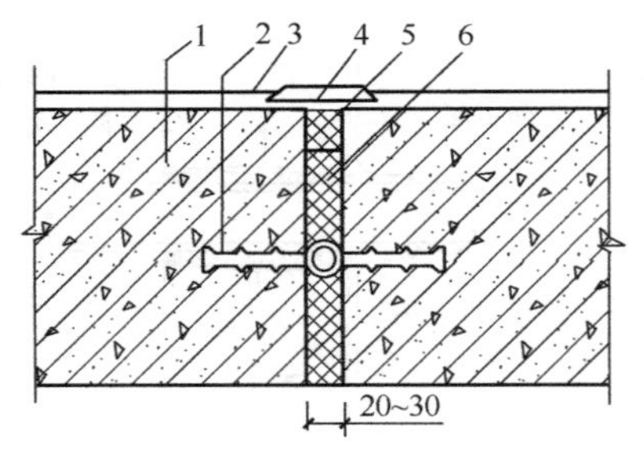

中埋式止水带与嵌缝材料复合使用
1—混凝土结构；2—中埋式止水带；3—防水层；
4—隔离层；5—密封材料；6—填缝材料

图 2-5　中埋与外贴止水带

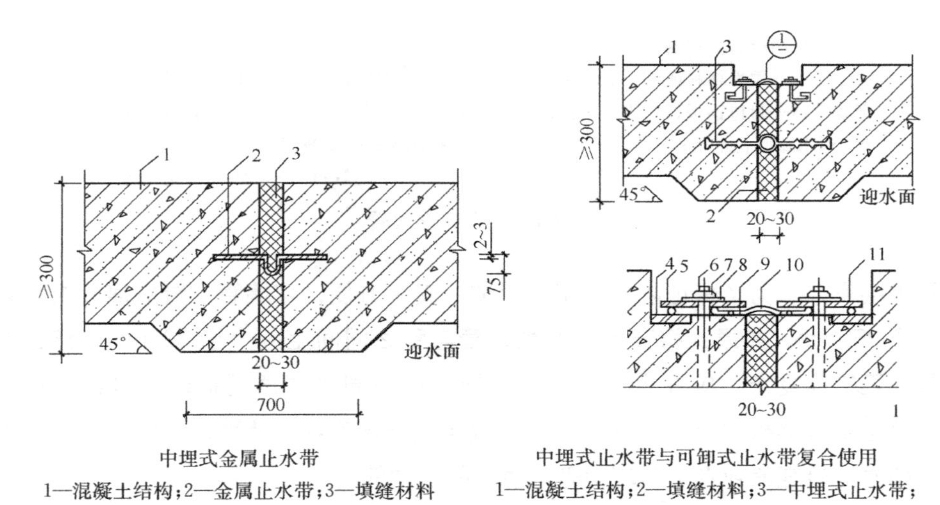

中埋式金属止水带
1—混凝土结构；2—金属止水带；3—填缝材料

中埋式止水带与可卸式止水带复合使用
1—混凝土结构；2—填缝材料；3—中埋式止水带；
4—预埋钢板；5—紧固件压板；6—预埋螺栓；
7—螺母；8—垫圈；9—紧固件压块；
10—Ω 型止水带；11—紧固件圆钢

图 2-6　中埋与可拆卸止水带

环境温度高于 50℃ 处的变形缝，中埋式止水带可采用金属制作。

5　后浇带构造（图 2-7）

后浇带宜用于不允许留设变形缝的工程部位，浇带应在其两侧混凝土龄期达到 42d 后再施工；高层建筑的后浇带施工应按规定时间进行，后浇带应采用补偿收缩混凝土浇筑，其抗渗和抗压强度等级不应低于两侧混凝土，后浇带应设在受力和变形较小的部位，其间距和位置应按结构设计要求确定，宽度宜为 700～1000mm。

后浇带混凝土施工前，后浇带部位和外贴式止水带应防止落入杂物和损伤外贴止水带。采用膨胀剂拌制补偿收缩混凝土时，应按配合比准确计量。后浇带混凝土应一次浇筑，不得留设施工缝；混凝土浇筑后应及时养护，养护时间不得少于 28d。

6　预埋件（图 2-8）

埋设件端部或预留孔（槽）底部的混凝土厚度不得小于 250mm，当厚度小于 250mm 时，应采取局部加厚或其他防水措施，预留孔（槽）内的防水层，宜与孔（槽）外的结构防水层保持连续。

7　预留通道接头（图 2-9）

预留通道先施工部位的混凝土、中埋式止水带和防水相关的预埋件等应及时保护，并应确保端部表面混凝土和中埋式止水带清洁，预埋件不得锈蚀；采用图 2-9 中构造（一）防水时，在接头混凝土施工前应将先浇混凝土端部表面凿毛，露出钢筋或预埋的钢筋接驳器钢板，与待浇混凝土部位的钢筋焊接或连接好后再行浇筑，当先浇混凝土中未预埋可卸式止水带的预埋螺栓时，可选用金属或尼龙的膨胀螺栓固定可卸式止水带。采用金属膨胀螺栓时，可选用不锈钢材料或用金属涂膜、环氧涂料等涂层进行防锈处理。

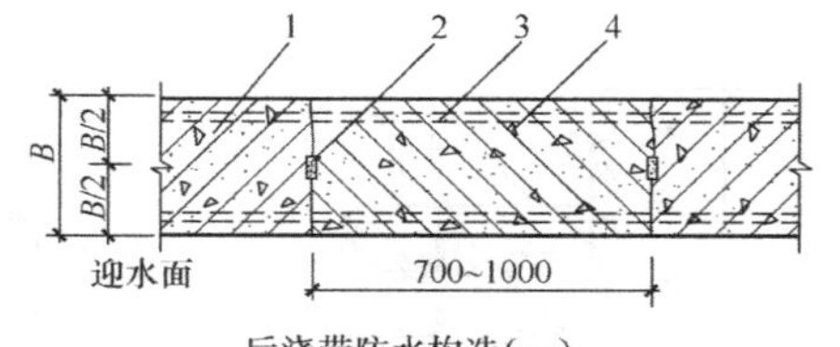

后浇带防水构造(一)

1—先浇混凝土；2—遇水膨胀止水条(胶)；3—结构主筋；4—后浇补偿收缩混凝土

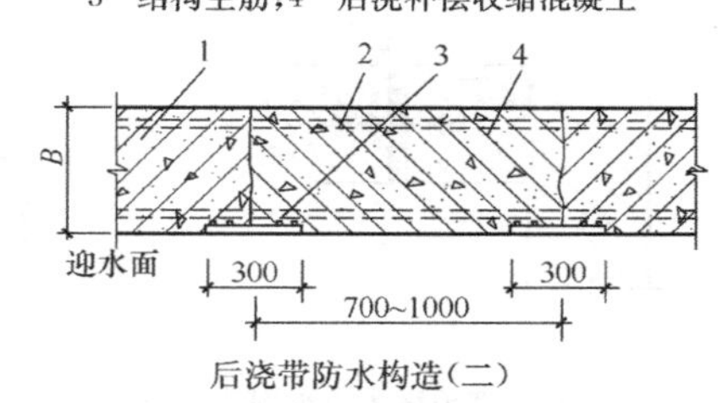

后浇带防水构造(二)

1—先浇混凝土；2—结构主筋；3—外贴式止水带；4—后浇补偿收缩混凝土

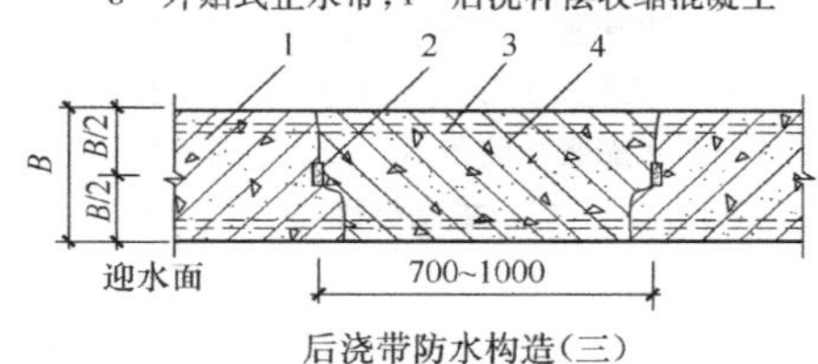

后浇带防水构造(三)

1—先浇混凝土；2—遇水膨胀止水条(胶)；3—结构主筋；4—后浇补偿收缩混凝土

图 2-7　后浇带防水构造

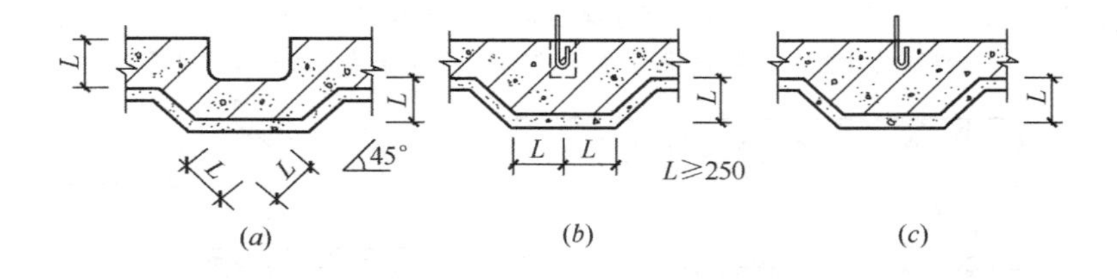

图 2-8　预埋件防水构造

（*a*）预留槽；（*b*）预留孔；（*c*）预埋件

8　桩头防水构造（图 2-10）

桩头所用防水材料应具有良好的粘结性、湿固化性；桩头防水材料应与垫层防水层连为一体。桩头防水施工时，应按设计要求将桩顶剔凿至混凝土密实处，并应清洗干净；破桩后如发现渗漏水，应及时采取堵漏措施；涂刷水泥基渗透结晶型防水涂料时，应连续、均匀，不得少涂或漏涂，并应及时进行养护；采用其他防水材料时，基

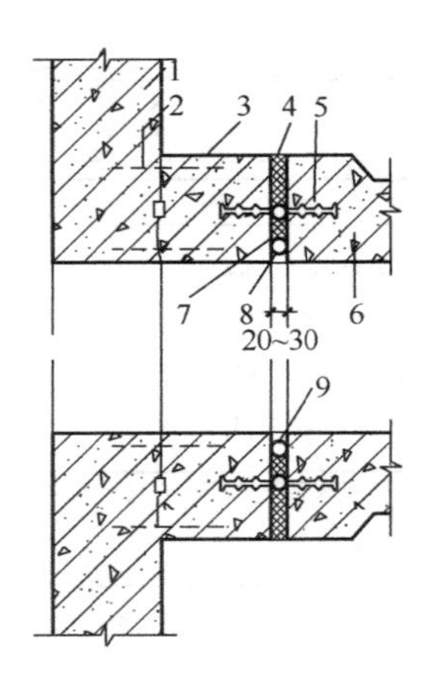

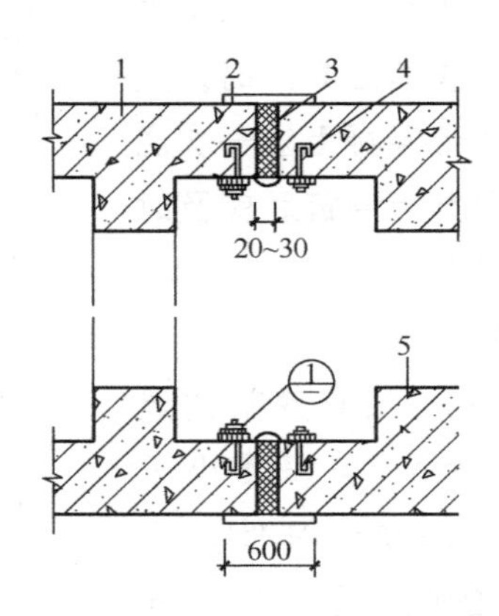

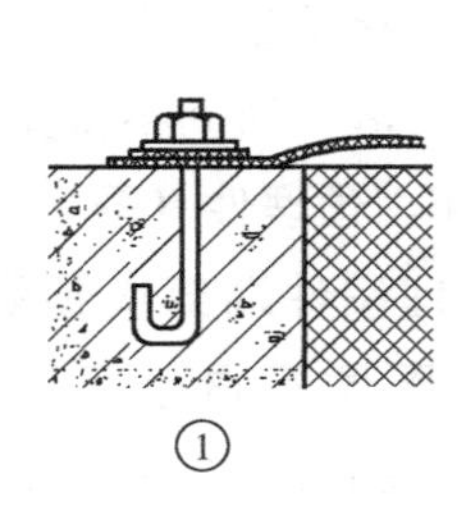

预留通道接头防水构造(一)
1—先浇混凝土结构;2—连接钢筋;
3—遇水膨胀止水条(胶);4—填缝材料;
5—中埋式止水带;6—后浇混凝土结构;
7—遇水膨胀橡胶条(胶);8—密封材料;
9—填充材料

预留通道接头防水构造(二)
1—先浇混凝土结构;2—防水涂料;
3—填缝材料;4—可卸式止水带;
5—后浇混凝土结构

图 2-9 预留通道接头

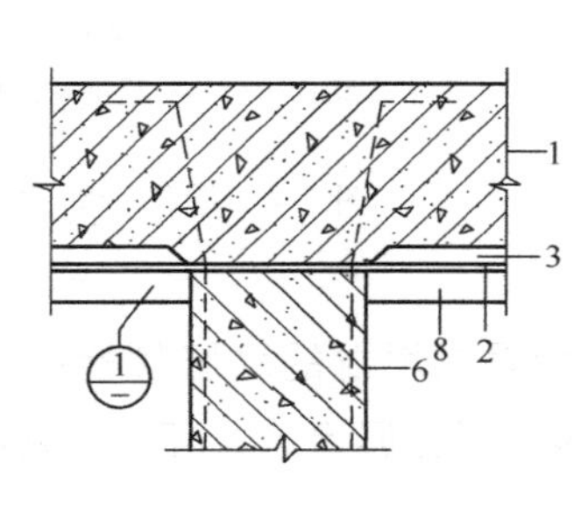

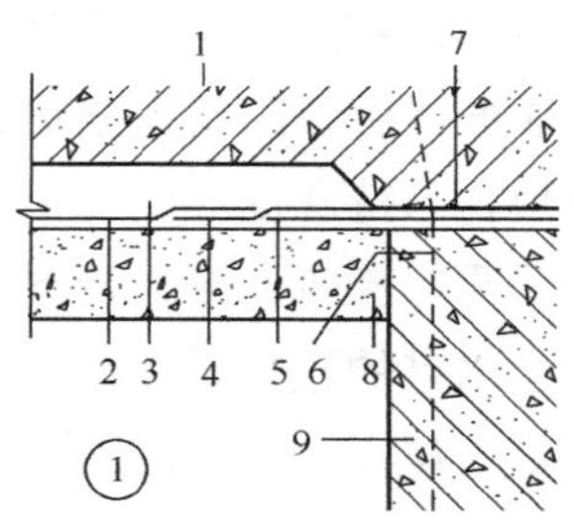

桩头防水构造(一)
1—结构底板;2—底板防水层;3—细石混凝土保护层;4—防水层;5—水泥基渗透结晶型防水涂料;
6—桩基受力筋;7—遇水膨胀止水条(胶);8—混凝土垫层;9—桩基混凝土

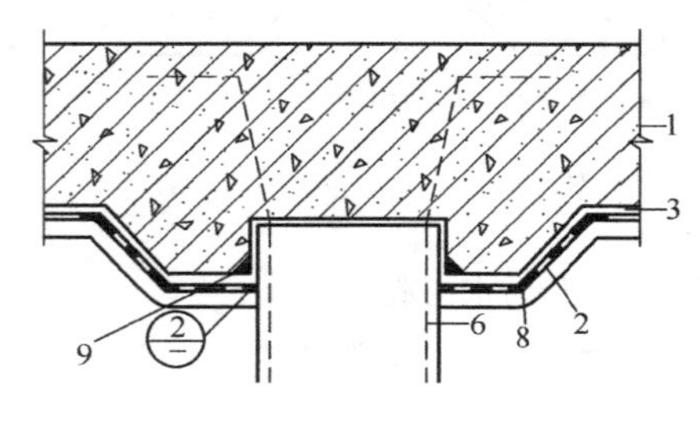

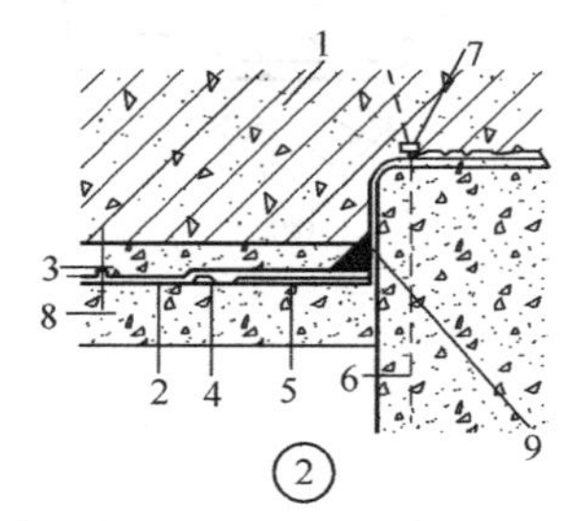

桩头防水构造(二)
1—结构底板;2—底板防水层;3—细石混凝土保护层;4—防水层;5—水泥基渗透结晶型防水涂料;
6—桩基受力筋;7—遇水膨胀止水条(胶);8—混凝土垫层;9—桩基混凝土

图 2-10 桩头防水构造

面应符合施工要求；应对遇水膨胀止水条（胶）进行保护。

地下工程种类繁多，其重要性和使用要求各有不同，有的工程对防水有特殊要求，有的工程在少量渗水情况下并不影响使用，在同一工程中其主要部位要求不渗水，但次要部位可允许有少量渗水。为避免过分要求高指标或片面降低防水标准，造成工程造价高或维修使用困难，因此地下工程防水应做到定级准确、方案可靠、经济合理。

【实训】

防水混凝土的抗渗性：防水混凝土 C25、P6 配制并测试其抗渗性。设计一 C25、P6 防水混凝土，设计其配合比，换算施工配合比，做试件，养护并测试其抗渗性。

课后讨论

1. 如何控制防水混凝土的裂缝?
2. 防水混凝土施工过程中质量控制要点有哪些?
3. 防水混凝土施工前技术和安全交底应包括哪些内容

2.3　外防外贴卷材防水施工

学习目标

掌握卷材防水施工准备、施工工艺和质量控制

关键概念

外贴　防水施工

2.3.1　施工一般要求

卷材防水适用于受侵蚀性介质或受振动作用的地下工程主体迎水面防水。地下工程卷材防水层适用于在混凝土结构或砌体结构迎水面铺贴，一般采用外防外贴和外防内贴两种施工方法。由于外防外贴法的防水效果优于外防内贴法，所以在施工场地和条件不受限制时一般均采用外防外贴法。

卷材防水层应采用高聚物改性沥青防水卷材和合成高分子防水卷材。所选用的基层处理剂、胶粘剂、密封材料等配套材料，均应与铺贴的卷材材性相容。高聚物改性沥青防水卷材主要品种有 SBS、APP、APAO、APO 等防水卷材；合成高分子防水卷

材有三元乙丙、氯化聚乙烯、聚氯乙烯、氯化聚乙烯—橡胶共混等防水卷材。这类材料具有延伸率较大、对基层伸缩或开裂变形适应性较强的特点，适用于地下防水工程。

防水卷材的施工方法有：满粘贴（全粘法），即卷材与基层采用粘结剂全部粘贴的施工方法；空铺法，即铺贴防水卷材时，卷材与基层仅在四周一定宽度内粘贴，其余部分不粘结的粘贴施工方法；条粘法，即铺贴防水卷材时，卷材与基层采用粘结剂条状粘贴的方式，每幅卷材与基层的粘结面不少于两条，每条宽度不小于150mm的卷材粘贴施工方法；点粘法，即铺贴防水卷材时，卷材或打孔卷材与基层采用点状粘贴，每平方米卷材粘结不少于5个点，每点面积为100mm×100mm；热熔法，即采用火焰加热器、熔化热熔型防水卷材底层的热熔胶进行粘结的施工方法；机械固定法，即铺贴防水卷材时，卷材与基层采用铆钉/压条等配件进行安装固定的施工方法。

卷材及胶粘剂种类繁多、性能各异，胶粘剂有溶剂型、水乳型、单组分、多组分等，各类不同的卷材都应有与配套（相容）的胶粘剂及其他辅助材料。不同种类卷材的配套材料不能相互混用，否则有可能发生腐蚀侵害或达不到粘结质量标准。

2.3.2 防水卷材施工

1 施工准备

(1) 作业准备

施工前图纸会审，掌握主体及细部构造的防水技术要求，计算材料用量。并应编制卷材防水施工方案和技术措施。卷材防水层必须由经资质审查合格的专业防水队伍进行施工，作业人员有上岗证，并经建设行业主管部门或指定单位颁发的职业资格证书；对分项作业人员进行技术和安全交底。

上道基层必须施工完毕，并经验收，合格后方可进行防水层施工。地下结构基础表面应平整坚固，不得有空鼓、开裂、起砂、脱皮等缺陷；如果使用溶剂型界面处理剂要求基层含水率应不大于9%。

(2) 原材料准备

防水材料进场后应检查材料的规格，外观，并抽样、复检并提出试验报告。防水卷材的外观质量和物理性能应符合《地下防水工程质量验收规范》(GB 50208—2002) 规定，卷材不透水性和塑性符合表2-8规定，胶粘剂的性能符合表2-9的规定。

卷材防水层为一层或两层。高聚物改性沥青防水卷材厚度不应小于3mm，单层使用不得小于4mm，双层使用不得小于6mm；合成高分子防水卷材单层使用时厚度不小于1.5mm，双层使用不小于2.4mm；阴阳角做45℃圆弧或135℃折角，在转角阴阳角等部位附加1～2层卷材，宽度不宜小于500mm。

防水卷材性能要求　　表2-8

项目		性能要求			
		硫化橡胶类	非硫化橡胶类	树脂类	纤维增强类
断裂拉伸强度（MPa）		≥7	≥5	≥8	≥8
扯断伸长率（%）		≥400	≥200	≥200	≥10
低温弯折（℃）		－40	－20	－20	－20
不透水性	压力（MPa）	≥0.3	≥0.2	≥0.3	≥0.3
	保持时间（min）	≥30			

高聚物改性沥青防水卷材的胶粘剂的主要性能　　表2-9

项目	高聚物改性沥青卷材	合成高分子卷材
粘结剥离强度（MPa）	≥8	≥15
浸水168h后粘结强度保持率（%）	－	≥70

（3）施工主要机具

施工主要机具包括垂直运输设备，现场材料施工设备，铁辊、手持压滚、压子、小平铲、铁桶、汽油喷灯、剪刀、钢卷尺、笤帚、小线、彩色粉、粉笔等。

（4）安全施工准备

作业人员必要的劳动防护，戴安全帽、口罩、手套、帆布胶鞋，外露皮肤涂防护油膏；地下通风不良，铺贴卷材应采取通风措施，防止有机溶剂挥发，使操作人员中毒；严禁在雨天、雪天、雾天和五级大风天施工。施工温度，采用冷粘法不低于5℃，热熔法不低于－10℃，施工场地保持地下水位稳定在基底0.5m以下，否则采取降水措施。

2　施工工艺

（1）工艺流程：外防外贴防水卷材施工工艺流程见图2-11。

（2）操作要求

1）基层清理

基层表应该平整坚实，转角处应做成圆弧形，局部孔洞、蜂窝、裂缝应修补严密，表面应清洁，无起砂、脱皮现象，保持表面干燥，并涂刷基层处理剂，基层表面潮湿时，不能保持干燥时，应涂刷湿固化剂或潮湿界

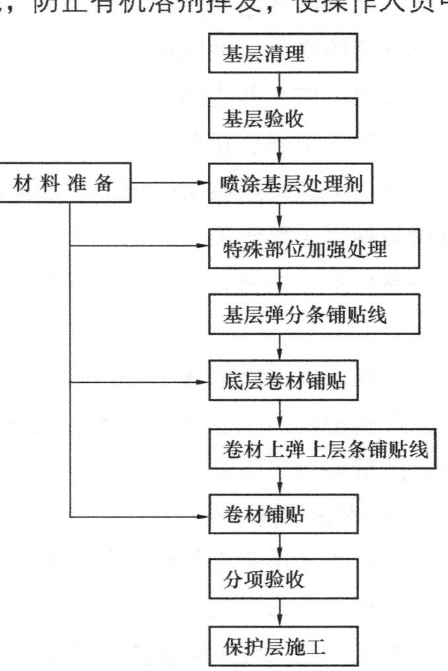

图2-11　外防外贴防水卷材施工流程图

面隔离剂，界面处理剂干燥后方可进行下一道工序。

在处理后的基层面上，按卷材的铺贴方向弹出每幅卷材的铺贴线，保证不歪斜。

铺贴卷材前应在其表面上涂刷基层处理剂，基层处理剂应与卷材及胶粘剂的材料相容，可采用喷涂或涂刷法施工，喷涂应均匀一致、不露底，待表面干燥后方可铺贴卷材。

目前大部分合成高分子卷材只能采用冷粘法、自粘法铺贴，为保证其在较潮湿基面上的粘结质量，故提出施工时应选用湿固化型胶粘剂或潮湿界面隔离剂。

2）冷粘法铺贴卷材

胶粘剂涂刷应均匀，不露底，不堆积；铺贴卷材时应控制胶粘剂涂刷与卷材铺贴的间隔时间，排除卷材下面的空气，并辊压粘结牢固，不得有空鼓；铺贴卷材应平整、顺直，搭接尺寸正确，不得有扭曲、皱折；接缝口应用密封材料封严，其宽度不应小于 10mm。

采用冷粘法铺贴卷材时，胶粘剂的涂刷对保证卷材防水施工质量关系极大；涂刷不均匀，有堆积或漏涂现象，不但影响卷材的粘结力，还会造成材料的浪费。

根据胶粘剂的性能和施工环境要求，有的可以在涂刷后立即粘贴，有的要待溶剂挥发后粘贴，控制胶粘涂刷与卷材铺贴的间隔时间尤为重要。

涂满胶粘剂和溢出胶粘剂，才能证明卷材粘结牢固、封闭严密。卷材铺贴后，要求接缝口用 10mm 宽的密封材料封口，以提高防水层的密封抗渗性能。

3）热熔法铺贴卷材

火焰加热器加热卷材应均匀，不得过分加热或烧穿卷材；厚度小于 3mm 的高聚物改性沥青防水卷材，严禁采用热熔法施工；卷材表面热熔后应立即滚铺卷材，排除卷材下面的空气，并辊压粘结牢固，不得有空鼓、皱折；滚铺卷材时接缝部位必须溢出沥青热溶胶，并应随即刮封，使接缝粘结严密；铺贴后的卷材应平整、顺直，搭接尺寸正确，不得有扭曲。

对热熔法铺贴卷材的施工，加热时卷材幅宽内必须均匀一致，要求火焰加热器的喷嘴与卷材距离应适当，加热至卷材表面有光亮黑色时方可进行粘合。若熔化不够会影响卷材接缝的粘结强度和密封性能，加温过高会使改性沥青老化变焦，且把卷材烧穿。

卷材表面层所涂覆的改性沥青热熔胶，采用热熔法施工时容易把胎体增强材料烧坏，严重影响防水卷材的质量。因此对厚度小于 3mm 的高聚物改性沥青防水卷材，作出严禁采用热熔法施工的规定。

4）保护层施工

卷材防水层完工并经验收合格后应及时做保护层，保护层应符合下列规定：

顶板的细石混凝土保护层与防水层之间宜设置隔离层；底板的细石混凝土保护层厚度应大于 50mm；侧墙宜采用聚苯乙烯泡沫塑料保护层，或砌砖保护墙（边砌边填实）和铺抹 30mm 厚水泥砂浆。

底板垫层、侧墙和顶板部位卷材防水层，铺贴完成后应作保护层，防止后续施工将其损坏。顶板保护层考虑顶板上部使用机械回填碾压时，细石混凝土保护层厚度应大于70mm。建议保护层与防水层间设置隔离层（如采用干铺油毡），主要是防止保护层伸缩而破坏防水层。

砌筑保护墙过程中，保护墙与侧墙之间会出现一定的空隙，为防止回填侧压力将保护墙折断而损坏防水层，所以要求保护墙应边砌边将空隙填实。

2.3.3　施工质量控制

卷材防水层的施工质量检验数量，应按铺贴面积每100m² 抽查1处，每处10m²，且不得少于3处。卷材防水层工程施工质量的检验数量，应按所铺贴卷材面积的1/10进行抽查，每处检查10m²，且不得少于3处。卷材防水层应采用高聚物改性沥青防水卷材和合成高分子防水卷材。所选用的基层处理剂、胶粘剂、密封材料等配套材料，均应与铺贴的卷材材性相容。

地下防水工程所使用的防水材料，应有产品合格证和性能检测报告，材料的品种、规格、性能等应符合现行国家产品标准和设计要求。卷材防水层厚度符合表2-10规定。

防水卷材厚度　　　　**表2-10**

<table>
<tr><th>防水等级</th><th>设防道数</th><th>合成高分子防水卷材</th><th>高聚物改性沥青防水卷材</th></tr>
<tr><td>1级</td><td>三道或三道以上</td><td rowspan="2">单层：不应小于1.5mm
双层：每层不应小于1.2mm</td><td rowspan="2">单层：不应小于4mm
双层：每层不应小于3mm</td></tr>
<tr><td>2级</td><td>二道设防</td></tr>
<tr><td rowspan="2">3级</td><td>一道设防</td><td>不应小于1.5mm</td><td>不应小于4mm</td></tr>
<tr><td>复合设防</td><td>不应小于1.2mm</td><td>不应小于3mm</td></tr>
</table>

建筑工程地下防水的卷材铺贴方法，可采用冷粘法和热熔法。底板垫层混凝土平面部位的卷材宜采用空铺法、点粘法或条粘法，其他与混凝土结构相接触的部位应采用满铺法。

两幅卷材短边和长边的搭接宽度均不应小于100mm。采用多层卷材时，上下两层和相邻两幅卷材的接缝应错开1/3～1/2幅宽，且两层卷材不得相互垂直铺贴。

1　主控项目

（1）卷材防水层所用卷材及主要配套材料必须符合设计要求。检验方法：检查出厂合格证、质量检验报告和现场抽样试验报告。

卷材防水层应采用高聚物改性沥青防水卷材和合成高分子防水卷材。目前，国内新型防水材料的发展很快，产品质量标准都陆续发布和实施。高聚物改性沥青防水卷材应符合国标《弹性体沥青防水卷材》（GB 18242—2008）、《塑性体沥青防水卷材》（GB 18243—2008）和行标《改性沥青聚乙烯胎防水卷材》（JC/T 633—1996）的要求。国内合成高分子防水卷材的种类很多，产品质量应符合国标《高分子防水材料》(第一部分片材)(GB 18173.1—2000)的要求。

(2) 卷材防水层及其转角处、变形缝、穿墙管道等细部做法均须符合设计要求。观察检查和检查隐蔽工程验收记录。

地下工程的防水设防要求，应根据使用功能、结构形式、环境条件、施工方法及材料性能等因素综合确定。按设防要求的规定进行地下工程构造防水设计，设计人员应绘出大样图纸或指定采用建筑标准图集的具体做法。转角处、变形缝、穿墙管道等处是防水薄弱环节，施工较为困难。为保证防水的整体效果，对上述细部做法必须严格操作和加强检查，除观察检查外还应检查隐蔽工程验收记录。

2 一般项目

(1) 卷材防水层的基层应牢固，基面应洁净、平整，不得有空鼓、松动、起砂和脱皮现象；基层阴阳角处应做成圆弧形。检验方法：观察检查和检查隐蔽工程验收记录。

实践证明，只有基层牢固和基层面干燥、清洁、平整，方能使卷材与基层面紧密粘贴，保证卷材的铺贴质量。

基层的转角处是防水层应力集中的部位，由于高聚物改性沥青卷材和合成高分子卷材的柔性好且卷材厚度较薄，因此防水层的转角处圆弧半径可以小些。具体地讲，转角处圆弧半径为：高聚物改性沥青卷材不应小于50mm，合成高分子卷材不应小于20mm。

(2) 卷材防水层的搭接缝应粘(焊)结牢固，密封严密，不得有皱折、翘边和鼓泡等缺陷。检验方法：观察检查。

卷材铺贴根据不同的使用功能和平面部位可采用满粘法，也可采用空铺法、点粘法、条粘法。为了保证卷材铺贴搭接宽度、位置准确和长边平直，要求铺贴卷材之前应测放基准线。

冷粘法铺贴卷材时，接缝口应用材性相容的密封材料封严，其宽度不应小于10mm；热熔法铺贴卷材时，接缝部位必须溢出沥青热熔胶，并应随即刮封接口使接缝粘结严密。

(3) 侧墙卷材防水层的保护层与防水层应粘结牢固，结合紧密、厚度均匀一致。

检验方法：观察检查。

规定卷材保护层与防水层应粘结牢固、结合紧密、厚度均匀一致，是针对主体结构侧墙采用聚苯乙烯泡沫塑料保护层或砌砖保护墙(边砌边填实)和铺抹水泥砂浆时提出来的。

(4) 卷材搭接宽度的允许偏差为10mm。检验方法：观察和尺量检查。

卷材铺贴前，施工单位应根据卷材搭接宽度和允许偏差，在现场弹线作为标准去控制施工质量。

2.3.4 成品保护及安全施工

卷材运输保管及平放不得高于4层，不得横放、斜放、避免雨淋、日晒、受潮；已铺好的防水卷材层，应及时采取保护措施，操作人员不得穿带钉鞋在地板上作业；外防外贴法墙角留槎的卷材要妥善保护，防止断裂和损伤，并及时砌好保护墙。采用外防内贴法，在地下防水结构施工前贴在永久保护墙上，在防水层铺完后，应按设计和规范及时做好保护层。

由于某些卷材中的组成和胶粘剂具有一定毒性和易燃性，因此在材料保管、运输、施工过程中要注意防火和预防职业中毒，烫伤等事故发生；在施工过程中做好基坑和地下结构的临边防护，防止出现坠落事故；高温天气施工，要有防暑降温措施；施工过程中的垃圾杂物要及时清理，避免污染环境。

【实训】

地下防水卷材铺贴：在建筑实训中心地下防水实训室，模拟铺贴防水卷材。

1. 要求：分组进行，每组2～3人；
2. 学生掌握细部防水处理，卷材收头处理，大面积卷材铺贴工艺及质量控制。

课后讨论

1. 防水卷材的施工方法有哪些?
2. 防水卷材施工的工艺过程是什么?
3. 防水卷材质量验收主要控制哪些项目?
4. 如何控制界面处理剂的施工质量

2.4 防水砂浆防水施工

学习目标

掌握地下防水砂浆施工工艺

关键概念

防水砂浆

目前国内外刚性防水材料发展趋势及近10年来国内防水工程实践的情况表明，掺外加剂、防水剂、掺合料的防水砂浆和聚合物水泥防水砂浆因其施工操作简单，技术要求不高应用越来越多，而普通水泥砂浆操作程序较多，在地下工程防水中的应用相应减少。因此本节主要介绍掺外加剂和聚合物的水泥防水砂浆施工工艺。

防水砂浆包括聚合物水泥防水砂浆、掺外加剂或掺合料的防水砂浆，宜采用多层抹压法施工。水泥砂浆防水层可用于地下工程主体结构的迎水面或背水面，不应用于受持续振动或温度高于 80℃ 的地下工程防水。水泥砂浆防水层应在基础垫层、初期支护、围护结构及内衬结构验收合格后施工。

2.4.1 防水砂浆防水施工

1. 施工准备

(1) 施工作业准备

施工前应编写施工方案，进行技术交底和作业人员培训。技术交底主要涉及防水砂浆的抹面层数，施工留槎的形式，砂浆的配合比，每层的厚度，根据技术要求确定外加剂等材料品种、性能及需用计划；确定配合比及各种材料的计量方法。防水砂浆的配合比与施工层数见表 2-11。

水泥砂浆防水层的配合比 **表 2-11**

名称	配合比（质量比）		水灰比	适用范围
	水泥	砂		
水泥浆	1	—	0.55～0.60	水泥浆防水层的第一层
水泥浆	1	—	0.37～0.40	水泥浆防水层的第三、五层
水泥砂浆	1	1.5～2.0	0.40～0.50	水泥浆防水层的第二、四层

对混凝土或钢筋混凝土结构其强度等级不低于 C10，对砖石结构其砌筑砂浆等级不低于 M5；水泥砂浆防水层不宜在雨天及 5 级以上大风中施工，冬期施工，气温不低于 5℃，且基层表面温度应保持 0℃ 以上，夏季施工，不宜在 35℃ 以上或烈日下施工；旧工程维修防水层，应将漏水部位堵好，或堵漏抹面交叉施工，以保证防水层施工顺利。

(2) 材料准备

用于水泥砂浆防水层的材料，水泥应使用硅酸盐水泥、普通硅酸盐水泥或特种水泥，不得使用过期或受潮结块的水泥；砂宜采用中砂，粒径 3mm 以下，含泥量不得大于 1%，硫化物和硫酸盐含量不得大于 1%；需经 3～5mm 孔径过筛，硫化物和硫酸盐含量不应大于 1%；拌制水泥砂浆用水，应符合国家现行标准《混凝土用水标准》(JGJ 63—2006) 的有关规定；聚合物乳液的外观：应为均匀液体，无杂质、无沉淀、不分层。聚合物乳液的质量要求应符合国家现行标准《建筑防水涂料用聚合物乳液》(JC/T 1017—2006) 的有关规定；外加剂的技术性能应符合现行国家有关标准的质量要求。防水砂浆主要性能应符合表 2-12 的要求。

防水砂浆主要性能　　表 2-12

防水砂浆种类	粘结强度(MPa)	抗渗性(MPa)	抗折强度(MPa)	干缩率(%)	吸水率(%)	冻融循环次	耐碱性
掺外加剂、掺合料防水砂浆	>0.6	≥0.8	同普通砂浆	同普通砂浆	≤3	>50	10% NaOH 浸泡 14d 无变化
聚合物水泥防水砂浆	>1.2	≥1.5	≥8.0	≤0.15	≤4	>50	

(3) 施工工具

砂浆搅拌机、水泵、灰板、铁抹子、阴阳角抹子、大桶、钢丝刷、软毛刷、八字靠尺、榔头、凿子、铁锹、扫把、木抹子、挂杠等。

2. 防水砂浆施工

(1) 工艺流程

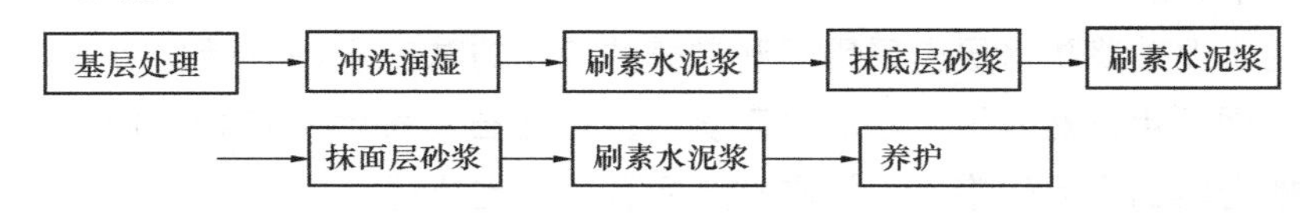

图 2-12　防水砂浆工艺流程

(2) 操作步骤

1) 基层处理

清理基层、剔除松散附着物，基层表面孔洞，缝隙应用与防水层相同的砂浆堵塞压实抹平，混凝土基层应先凿毛处理，使基层表面平整、坚实粗糙、清洁并充分润湿，无积水；

施工前应先将预埋件、穿墙管预留凹槽嵌密封材料，再施工防水砂浆；

基层的混凝土和砌筑砂浆强度不应低于设计值得 80%。

2) 刷素水泥浆

根据配合比将材料拌合均匀，在基层表面涂刷均匀，随即抹底层砂浆，如基层为砌体时，则抹灰前一天用水管把墙浇透，第二天润湿即可施工。

3) 抹底层砂浆

按配合比调整砂浆搅拌均匀后进行抹灰操作，底灰厚度在 5～10mm，在砂浆凝固之前用扫把扫毛，砂浆要随伴随用，拌合后不宜超过 1 小时。

4) 刷素水泥浆

抹完底层砂浆 1～2d，再刷素水泥浆。

5) 抹面层砂浆

刷完素水泥浆，紧接着抹面层砂浆，配合比同底层砂浆，抹灰厚度在 5～10mm，抹灰与第一层垂直，先用木抹子槎平，后用铁抹子压实抹光。

6) 刷素水泥浆

抹完底层砂浆 1d 后，再刷素水泥浆。

7）抹灰程序：接槎及阴阳角做法

抹灰宜先抹立面后抹地面，分层铺抹或喷刷，铺抹时压实抹干和表面压光。

防水各层紧密结合，每层宜连续施工，必须留施工缝应采用阶梯形槎，但离开阴阳角不少于 200mm，防水层的阴阳角处应做成圆弧形。

8）加入聚合物水泥砂浆施工要点

加入聚合物要计量准确，拌合均匀，在 1h 内用完。

9）养护

水泥砂浆终凝后应及时进行养护，养护温度不宜低于 5℃并保持湿润，养护时间不得少于 14d。

为了防止水泥砂浆防水层早期脱水而产生裂缝导致渗水，规定在砂浆硬化后（约 12～24h）要及时进行养护。一般水泥砂浆的水化硬化速度和强度发展均较快，14d 强度可达标准强度的 80%。

聚合物水泥砂浆防水层应采用干湿交替的养护方法，早期（硬化后 7 d）采用潮湿养护，后期采用自然养护；在潮湿环境中，可在自然条件下养护。使用特种水泥、外加剂、掺合料的水泥砂浆，养护应按产品有关规定执行。

2.4.2 施工质量控制

水泥砂浆防水层的施工质量检验数量，应按施工面积每 100m^2 抽查 1 处，每处 10m^2，且不得少于 3 处。

1. 主控项目

（1）水泥浆防水层的原材料及配合比必须符合设计要求。检验方法：检查出厂合格证、质量检验报告、计量措施和现场抽样试验报告。

在水泥砂浆中掺入各种外加剂、掺合剂，可提高砂浆的密实性、抗渗性，应用已较为普遍。而在水泥砂浆中掺入高分子聚合物配制成具有韧性、耐冲击性好的聚合物水泥砂浆，是近来国内外发展较快、具有较好防水效果的新型防水材料。

由于外加剂、掺合物和聚合物等材料的质量参差不齐，配制防水砂浆必须根据不同防水工程部位的防水要求和所用材料的特性，提供能满足设计要求的适宜的配合比。配制过程中必须做到原材料的品种、规格和性能符合国家标准或行业标准。同时计量应准确，搅拌应均匀，现场抽样试验应符合设计要求。

（2）水泥砂浆防水层各层之间必须结合紧密，不能有空鼓，检查方法，观察和敲击。

2. 一般项目

（1）水泥砂浆防水层表面应密实、平整，不得有裂纹、起砂、麻面等缺陷，阴阳角处应做成圆弧形。

检验方法：观察检查。

(2) 水泥砂浆防水层施工缝留槎位置应正确，接槎应按层次顺序操作，层层搭接紧密。

检验方法：观察检查和检查隐蔽工程验收记录。

(3) 水泥砂浆防水层的平均厚度应符合设计要求，最小厚度不得小于设计值的 85%。

检验方法：观察和尺量检查。

水泥砂浆防水层的厚度测量，应在砂浆终凝前用钢针插入进行尺量检查，不允许在已硬化的防水层表面任意凿孔破坏。

2.4.3　安全环保措施及施工记录

成品保护要使抹灰架子离开墙面 150mm，拆架子不得碰坏口角及墙面，落地灰要及时清理，地面不得过早上人。

地下结构防水砂浆防水施工注意做好高处作业安全保证，脚手架放置荷载及坠物伤害。

施工质量记录主要有：

1　原材料出厂合格证、试验报告；

2　隐蔽工程验收记录；

3　分项工程验收记录；

4　设计变更及其他技术文件记录。

2.5　涂料防水层施工

学习目标

掌握涂料防水施工要点和质量控制

关键概念

涂料　防水施工

2.5.1　涂料防水层施工一般要求

涂料防水层应包括无机防水涂料和有机防水涂料，是在地下主体结构外或保护墙内涂刷一定厚度的防水涂料达到设计防水要求。无机防水涂料可选用掺外加剂、掺合料的水泥基防水涂料、水泥基渗透结晶型防水涂料。有机防水涂料可选用反应型、水乳型、聚合物水泥等涂料。无机防水涂料宜用于结构主体的背水面，有机防水涂料宜用于地下工程主体结构的迎水面，用于背水面的有机防水涂料应具有较高的抗渗性，且与基层有较好的粘结性。潮湿基层宜选用与潮湿基面粘结力大的无机防水涂料或有机防水涂料，也可采用先涂无机防水涂料而后再涂有机防水涂料构成复合防水涂层；冬期施工宜选用反应型涂料；埋置深度较深的重要工程、有振动或有较大变形的工程，宜选用高弹性防水涂料；有腐蚀性的地下环境宜选用耐腐蚀性较好的有机防水涂料，并应做刚性保护层。地下防水涂料的厚度见表 2-13。本节简要介绍涂料防水施工的要点。

地下防水涂料的厚度（mm） **表 2-13**

防水等级	设防道数	有机涂料			无机涂料	
		反应型	水乳型	聚合物水泥	水泥基	水泥基渗透结晶型
Ⅰ级	三道或三道以上	1.2～2	1.2～1.5	1.5～2	1.5～2	≥0.8
Ⅱ级	二道设防	1.2～2	1.2～1.5	1.5～2	1.5～2	≥0.8
Ⅲ级	一道设防	—	—	≥2.0	≥2.0	—
	复合设防	—	—	≥1.5	≥1.5	—

2.5.2 涂料防水层施工要点

1. 施工流程

涂料防水施工流程见图 2-13。

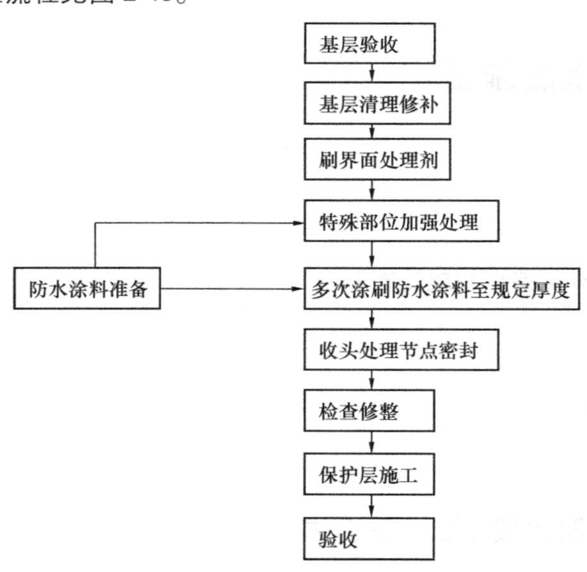

图 2-13 涂料防水施工流程图

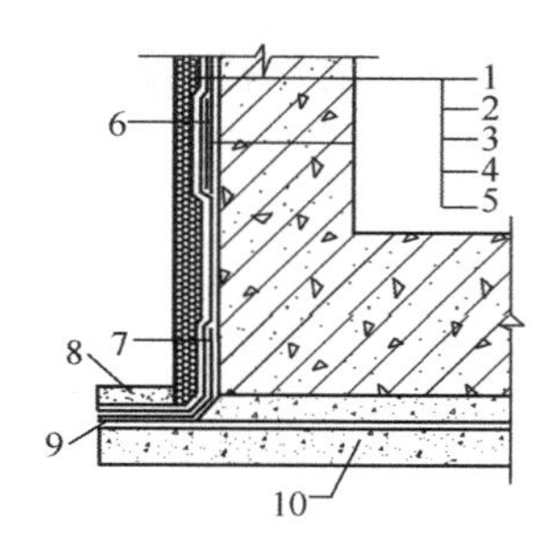

防水涂料外防外涂构造

1—保护墙;2—砂浆保护层;3—涂料防水层;4—砂浆找平层;
5—结构墙体;6—涂料防水层加强层;7—涂料防水加强层;
8—涂料防水层搭接部位保护层;9—涂料防水层搭接部位;
10—混凝土垫层

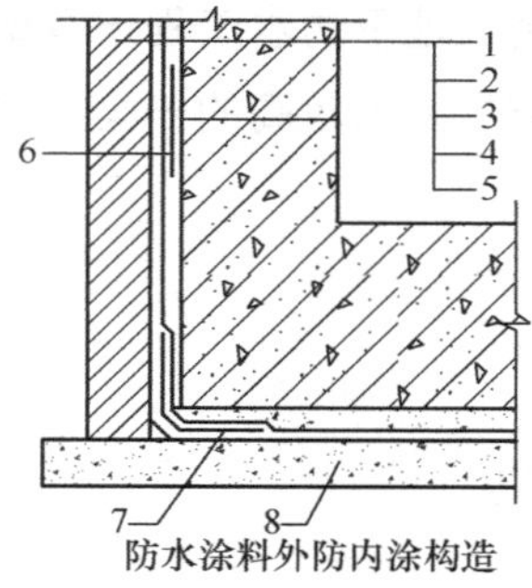

防水涂料外防内涂构造

1—保护墙;2—涂料保护层;3—涂料防水层;
4—找平层;5—结构墙体;6—涂料防水层加强层;
7—涂料防水加强层;8—混凝土垫层

图 2-14　涂料外防外涂和外防内涂

2. 施工要点

(1) 材料要求：可以选用聚合物水泥防水涂料或有机防水涂料时，基层阴阳角应做成圆弧形，阴角直径宜大于 50mm，阳角直径宜大于 10mm，在底板转角部位应增加胎体增强材料，并应增涂防水涂料。涂料及增强材料进场后进行质量验收并抽样送检。达到相应的技术要求。

(2) 施工基层应保持清洁、干燥。涂料应分层涂刷，待干燥后方可进行下一道涂刷，涂刷方向相互垂直，接槎为 30-50mm，铺贴胎体增强材料应在涂层表面干燥之前完成铺贴，待干燥后再进行上层涂料涂刷。

(3) 防水涂料的厚度必须达到设计要求，防水结构边角部位，细部防水构造必须严格按照设计要求施工。尤其是转角、变形缝、穿墙管符合设计要求。

(4) 涂膜表面平整，涂布均匀，不得有流淌，鼓泡，裸露胎体及翘边。

课后讨论

1. 如何控制界面处理剂的施工质量?
2. 桩头如何进行防水? 画图说明。
3. 防水卷材细部处理如何控制质量?

单元小结

本章主要介绍了地下室防水常用的施工方式——防水混凝土施工、外防外贴卷材防水施工和防水砂浆防水施工和涂防水层施工，重点掌握施工准备、材料要求、施工工艺及质量控制。地下防水工程还有塑料板、金属板及膨润土防水材料防水，多应用于特殊结构，防水要求较高的一类建筑物和构筑物中。

单元课业

课业名称：编写一地下防水施工方案

时间安排：2 周

一、 课业说明

通过本课业使学生进一步巩固本章内容，并根据工作任务，查阅规范、图集，按照要求完成防水施工专项方案编写。本课业选取工程实例，是地下防水工程经常的施工形式，有非常强的针对性和实用性。

二、 背景知识

教材：单元 1 普通防水混凝土施工

　　　单元 2 外防外贴卷材施工

参考资料：建筑施工技术

三、 任务内容

某大厦住宅楼工程地下水位为－7.000m，基础底面标高为－8.400m 及－7.800m。底板厚 500mm，工程防水等级为二级，地下室底板和外墙采用 C40，P8 抗渗混凝土，外防外贴合成高分子自粘防水卷材（防水砂浆防水施工），留有后浇带、水平施工缝。底板防水面积为 1500m^2，地下室外墙及顶板防水面积 1700 m^2。基础为筏板基础，承台下设混凝土灌注桩，桩头清理完毕。进行防水施工。

四、 课业要求

1. 完成施工方案编写，具有指导施工作用（普通混凝土防水、附加层防水及桩头防水）；

2. 内容包括施工准备、施工工艺、细部做法、施工质量控制措施等；

3. 要求计算混凝土方量，计算防水面积，施工机具准备，材料质量控制措施。

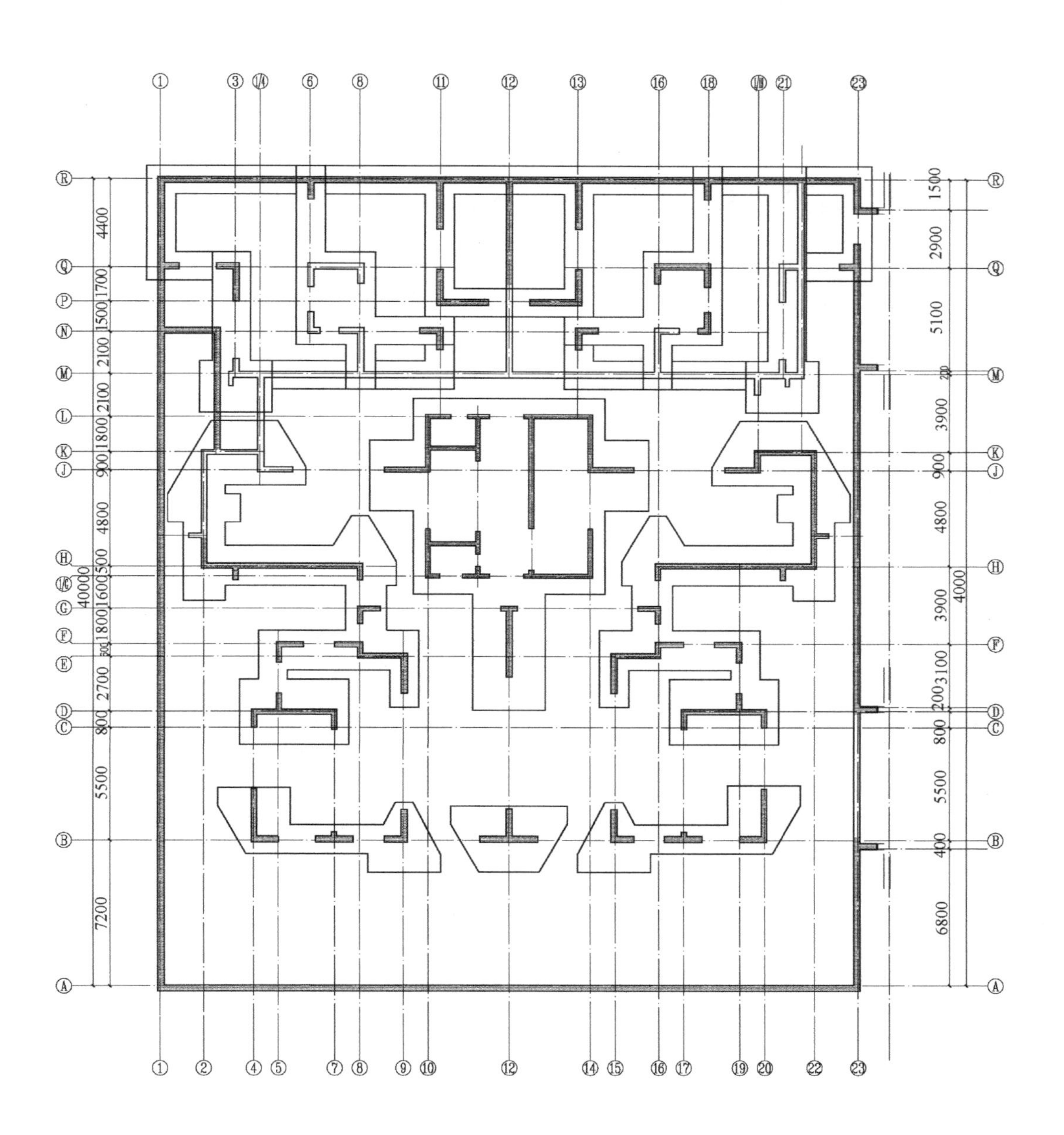

单元 3

屋面防水工程施工

引　言

屋面的作用是防御自然界的风、雨、雪、太阳辐射和冬季低温等影响，同时屋面也是结构承重构件，承受作用于屋顶上的各种荷载。因此屋面应满足防水、保温、隔热、隔声、防火、强度、刚度和整体稳定性的要求。屋面防水是通过屋面设计坡度与防水层相结合达到的，屋面构造还包括保温层、找平层、保护层等构造层。本章介绍屋面构造层的施工与质量控制。

学习目标

屋面保温层施工工艺、质量控制
找平层施工工艺、质量控制
防水层施工工艺、质量控制

屋顶的类型有平屋顶、坡屋顶和曲面层顶，平屋顶，通常是指排水坡度小于5%的屋顶，常用坡度为2%～3%；坡屋顶坡屋顶通常是指屋面坡度大于10%；而曲面屋顶是随着科学技术的发展，出现了许多新型的屋顶结构形式，如拱结构、薄壳结构、悬索结构、网架结构屋顶等。这类屋顶多用于较大跨度的公共建筑。

屋面工程应根据建筑物的性质、重要程度、使用功能要求及防水层合理使用年限，按不同等级进行设防。按照现行规范《屋面工程技术规范》（GB 50345—2004）规定，屋面防水等级和设防要求见表3-1。

屋面防水等级和设防要求 **表3-1**

项目	屋面防水等级			
	Ⅰ	Ⅱ	Ⅲ	Ⅳ
建筑物类别	特别重要的民用建筑和对防水有特殊要求的工业建筑	重要的民用建筑，如博物馆、图书馆、医院、宾馆、影剧院；重要的工业建筑、仓库等	一般民用建筑，如住宅、办公楼、学校、旅馆；一般的工业建筑、仓库等	非永久性的建筑，如简易宿舍、简易车间等
年限	20年以上	15年以上	10年以上	5年以上
选用材料	应选用合成高分子防水卷材、高聚物改性沥青防水卷材、合成高分子防水涂料、细石防水混凝土、金属板等材料	应选用高聚物改性沥青防水卷材、合成高分子防水涂料、高聚物改性沥青防水涂料、细石防水混凝土、金属板等材料	应选用高聚物改性沥青防水卷材、合成高分子防水卷材、高聚物改性沥青防水涂料、合成高分子防水涂料、刚性防水层、平瓦、油毡瓦等材料	应选用高聚物改性沥青防水卷材、高聚物改性沥青防水涂料、沥青基防水涂料、波形瓦等材料
设防要求	三道或三道以上防水设防，其中必须有一道合成高分子防水卷材；且只能有一道2mm以上厚的合成高分子涂膜	二道防水设防，其中必须有一道卷材。也可以采用压型钢板进行一道设防	一道防水设防，或两种防水材料复合使用	一道防水设防

平屋顶由于其构造简单，工程造价低，施工容易，是民用建筑采用较多的屋面形式。屋面形成足够的坡度是屋面排水与防水的重要基础。屋顶的坡度常用的表示方法有角度法、斜率法和百分比法。坡屋顶多采用斜率法，平屋顶多采用百分比法，角度法应用较少。坡度的形成主要通过材料找坡，即通过找坡层或保温层形成屋面设计排水坡度，也有通过结构形成坡度，为结构找坡。

平屋顶的排水有无组织排水和有组织排水两种方式，无组织排水是指屋面雨水直接从檐口滴落至地面的一种排水方式，因为不用天沟、雨水管等导流雨水，所以又称自由落水，主要适用于少雨地区或一般低层建筑，相邻屋面高差小于4m，不宜用于临街建筑和较高的建筑；有组织排水是指雨水经由天沟、檐沟、水落口、雨水管等排水装置被引导至地面或地下管沟的一种排水方式，在建筑工程中应用广泛。

平屋面工程由多层材料叠合而成，其基本构造层次按构造设计要求由结构层以上的找平找坡层、隔气层、防水层、保温隔热层、保护层和使用面层组成。屋面防水层是利用防水卷材与粘结剂结合，或者防水涂料，或刚性防水材料，在屋面形成连续致密的构造层来防水，根据其防水材料的使用，有卷材防水屋面、刚性防水屋面，涂膜防水屋面或几种复合屋面等几种防水屋面类型。

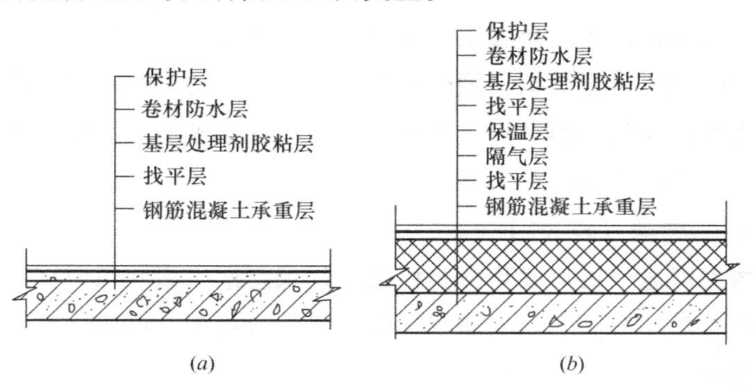

图 3-1　屋面构造层

(a) 无保温层；(b) 有保温层构造

3.1　平屋面保温层施工

学习目标

掌握保温层施工工艺及质量控制

了解保温材料种类及施工方法

关键概念

保温材料　含水率

3.1.1　保温材料发展

20 世纪 70 年代前一直使用水泥加发泡剂制成的泡沫混凝土和性能差、密度大的炉渣。20 世纪 70 年代后期才开始生产密度低、导热系数小的膨胀珍珠岩和膨胀蛭石，很快得到普遍推广。后来又逐步开发岩棉，微孔硅酸钙，加气混凝土等。这些松散材料强度低，常常采用水泥作为胶结材料，现场拌制浇筑。由于这些材料吸水率极高，一般能达到百分之几百，一旦浸水，不但不能保证保温功能，还会导致防水层起鼓，后来又开发出憎水珍珠岩制品，乳化沥青珍珠岩，或将屋面做成排汽屋面，但始终无法解决它本身高吸水率这一致命的弱点。直到20世纪90年代中期，由于我国化工工业的发展，聚苯乙烯泡沫板，硬泡聚氨酯和泡沫玻璃的出现，才彻底地解决了保温材料不吸水（低吸水率）这一问题。这三种材料表观密度小、吸水率低、导热系数小、强度高、耐久性好，尤其是属于无机材料的泡沫玻璃和挤塑聚苯乙烯泡沫板，已成为我国较理想的建筑保温材料，同时也使倒置式屋面这一优越的屋面构造形式成为现实，使高吸水率的保温材料使用受到一定限制和逐步被淘汰，排汽屋面这种构造复杂，施工繁琐的工艺也可以不予采用了。

1. 保温材料的种类（表3-2）

我国目前屋面保温层按形式可分为松散材料保温层、板状保温层和整体现浇保温层三种。按材料性质可分为有机保温材料和无机保温材料；按吸水率可分为高吸水率和低吸水率保温材料。

保温材料主要由表观密度、导热系数和含水率三项指标控制，此三项指标相互影响，表观密度大，导热系数值就大、保温性能就差；含水率大，导热系数值也大、保温性能也差，所以保温材料在一定强度情况下，表观密度小、导热系数值小、含水率低，则保温材料为优。

保温材料分类及品种 **表3-2**

分类方法	类　型	品　种　举　例
按形状划分	松散材料	炉渣，膨胀珍珠岩，膨胀蛭石，岩棉
	板状材料	加气混凝土，泡沫混凝土，微孔硅酸钙，憎水珍珠岩，聚苯乙烯泡沫板，泡沫玻璃
	整体现浇材料	泡沫混凝土，水泥蛭石，水泥珍珠岩，硬泡聚氨酯
按材性划分	有机材料	聚苯乙烯泡沫板，硬泡聚氨酯
	无机材料	泡沫玻璃，加气混凝土，泡沫混凝土，蛭石，珍珠岩
按吸水率划分	高吸水率（>20%）	泡沫混凝土，加气混凝土，珍珠岩，憎水珍珠岩，微孔硅酸钙
	低吸水率（<6%）	泡沫玻璃、聚苯乙烯泡沫板、硬泡聚氨酯

2　保温材料性能

常见保温材料性能见表3-3。

保温材料性能表 **表3-3**

序号	材料名称	表观密度（kg/m^3）	导热系数［W/(mK)］	强度（MPa）	吸水率（%）	使用温度（℃）
1	松散膨胀珍珠岩	40～250	0.05～0.07	—	250	−200～800

续表

序号	材料名称	表观密度 (kg/m³)	导热系数 [W/(mK)]	强度 (MPa)	吸水率 (%)	使用温度 (℃)
2	水泥珍珠岩 1：8	510	0.16	0.5	120～220	—
3	水泥珍珠岩 1：10	390	0.16	0.4	120～220	—
4	水泥珍珠岩制品 1：8	500	0.08～0.12	0.3～0.8	120～220	650
5	水泥珍珠岩制品 1：10	300	0.063	0.3～0.8	120～220	650
6	憎水珍珠岩制品	200～250	0.056～0.08	0.5～0.7	憎水	－20～650
7	沥青珍珠岩	500	0.1～0.2	0.6～0.8	—	—
8	松散膨胀蛭石	80～200	0.04～0.07	—	200	－200～1000
9	水泥蛭石	400～600	0.08～0.14	0.3～0.6	120～220	650
10	微孔硅酸钙	250	0.06～0.07	0.5	87	650
11	矿棉保温板	130	0.035～0.047	—	—	600
12	加气混凝土	400～800	0.14～0.18	3	35～40	200
13	水泥聚苯板	240～350	0.09～0.1	0.3	30	—
14	水泥泡沫混凝土	350～400	0.1～0.19	—	—	—
15	模压聚苯乙烯泡沫板	15～30	0.041	10%压缩后 0.06～0.15	2～6	－80～75
16	挤压聚苯乙烯泡沫板	≥32	0.03	10%压缩后 0.15	≤1.5	－80～75
17	硬质聚氨酯泡沫塑料	≥30	0.027	10%压缩后 0.15	≤3	－200～130
18	泡沫玻璃	≥150	0.068	≥0.4	≤0.5	－200～500

3.1.2 保温层施工

1. 施工准备

(1) 作业准备

根据设计，屋面保温层可以采取上述表3-2一种或几种。保温层的厚度根据当地气候条件，由计算确定。施工前进行图纸会审，掌握施工图中的细部构造及有关技术要求，编制防水工程的施工方案或技术措施。

(2) 材料准备

保温材料进场后应对其进行质量验收，屋面工程采用的保温隔热材料应有产品合格证和性能检测报告，材料的种类、规格、性能应符合国家产品标准和设计要求。

1) 对于板状保温材料：产品应有出厂合格证，根据设计要求选用厚度、规格一致，外观整齐，密度、导热系数、强度应符合设计要求的保温材料，保温板质量应符合表3-4规定。

板状保温材料物理性能　　表 3-4

项目	聚苯乙烯泡沫塑料		硬质聚氨酯泡沫塑料	泡沫玻璃	微孔混凝土类	膨胀憎水板	水泥聚苯乙烯颗粒板
	挤压	模压					
表观密度 kg/m³	25－38	15－30	≥30	≥150	500～550	300～450	≤250
导热系数[W/(mK)]	≤0.03	0.039～0.041	≤0.027	≤0.062	≤0.14	≤0.12	0.07
抗压强度(MPa)				≥0.4	≥2	≥0.3	0.3
70℃48h 尺寸变化率(%)	≤2	2～4.0	≤5				
吸水率(V/V%)	≤1.5	2.0～6.0	≤3	≤0.5			
外观质量	板材表面基本平整，无严重凹凸不平，厚度允许偏差不大于 5% 且不大于 4mm，憎水率大于 98%						

2）对于整体保温材料：产品有出厂合格证，样品的试验报告及材料的性能检测，根据设计要求选择厚度、壳体应连续，表面平整，密度、导热系数、强度应符合设计要求。对于现喷聚氨酯泡沫塑料要求表观密度 35～45kg/m³，导热系数≤0.03[W/(mK)]，压缩强度大于 150kPa，封孔率大于 92%。

(3) 施工机具

施工主要机具包括搅拌机、平板振捣器、平锹、木刮杠、水平尺、手推车、木拍子、木抹子等。

2. 保温层施工：

(1) 工艺流程（图 3-2）

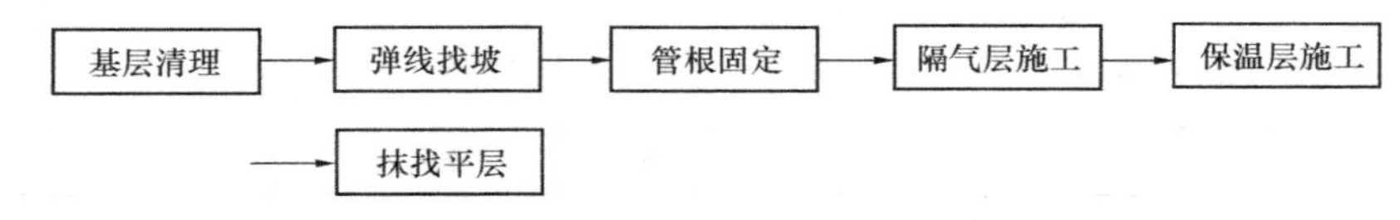

图 3-2　保温层施工工艺流程

(2) 操作工艺

1）基层清理

预制或现浇混凝土表面，应将尘土、杂物等清理干净。基层不平整可采用水泥乳液腻子处理，如基层为现浇钢筋混凝土楼板，可在结构层施工时直接压光找平，当采用水泥砂浆或细石混凝土找平时，应注意找平层分格缝的设置位置和间距要符合设计要求。

2）弹线找坡

按设计坡度及流水方向，找出屋面坡度走向，确定保温层的厚度范围。

3）管根固定

穿结构的管根在保温层施工前，应用细石混凝土堵塞密实。

4）隔汽层施工

屋面是否采用隔汽层，取决于当地气候和保温材料的性能。隔汽层采用单层卷材铺贴时，应该满铺，也可采取空铺，搭接不小于70mm，采用防水涂料涂刷时，不得漏刷；封闭式保温层，在屋面与墙连接处隔汽层沿墙面向上连续铺设，并高出保温层上表面且不小于150 mm。

5）保温层铺设

板块状保温材料构造：干铺板块状保温层，若有两层应错缝，板缝拼接严实，用同等材料填塞板缝，一般在保温层上用松散湿料做找坡。对于粘结板块状保温层，一般用石灰混合砂浆粘结，若是聚苯板应用沥青胶粘结。

整体保温层铺设：

水泥白灰炉渣保温层：施工前用石灰水将炉渣闷透，不小于3d，后过筛，粒径控制在5～40mm，用机械搅拌。一般水泥：白灰：炉渣比例为1：1：8，铺设时分层滚压，达到设计厚度和密度。

沥青膨胀蛭石保温层：宜用机械搅拌，均匀一致，无沥青团，压实度根据试验确定，厚度符合设计要求。

现喷硬质聚氨酯泡沫塑料保温层：施工前按比例配制双组分材料，计量准确，发泡厚度一致，若基层温度低，可先喷一薄层甲组分，再进行施工。

6）冬期施工技术措施

控制保温层材料中不含有冰雪、冻块和杂质，干铺保温层可以在负温度下进行，采用沥青胶结保温层和混合砂浆胶结气温不低于－10℃，整体保温施工不低于－5℃。采用水泥砂浆粘贴保温材料及处理板缝，可采用有防冻剂的保温砂浆。雪天及五级风以上天气不得施工。

7）倒置式屋面

倒置式屋面应选用长期浸水不腐烂的保温材料，保温层与保护层之间应干铺一层无纺布做隔离。

3.1.3 施工要点和质量控制

保温材料的表观密度、堆积密度、导热系数等技术性能必须符合设计要求，应有试验资料。保温材料储运保管时应分类堆放，防止混杂，防雨、防潮、搬运时防止损伤；保温层的含水率必须符合设计要求。

保温层的基层应平整、干燥、干净；若保温层干燥有困难应采取排汽措施；保温层铺筑的厚度应满足设计要求，可采取拉线找坡控制。

防止保温层隔热功能不良；铺设厚度应均匀；保证保温层边角处质量；保温层应铺贴密实。

1. 主控项目

（1）材料的表观密度、堆积密度、导热系数等技术性能必须符合设计要求，应有试验资料，各种质量报告和试验报告。

（2）保温层的含水率必须符合设计需要，现场抽样检验。

2. 一般项目

保温层铺设应符合下列要求：

板状保温材料：紧贴基层，铺平垫稳，找坡正确，上下层错缝并嵌填密实；整体保温层：拌合均匀、分层铺设，压实适当，表面平整，找坡正确；保温层允许偏差，整体现浇：+10%，−5%，板块保温材料：±5%，且不得大于4mm；倒置式屋面保护层采用卵石铺压时，卵石分布均匀，卵石的质量符合设计要求。

【案例】

某平屋面保温层，采用两道保温材料，一道水泥憎水膨胀珍珠岩整体现浇，最薄处厚度不小于80mm，另一道板块状聚苯挤塑板，计算保温材料用量，施工要点（老师给出屋面施工图）。

课后讨论

1. 保温材料的种类有哪些？什么是现浇整体保温屋面？
2. 保温材料的质量关键是什么？施工中如何控制？
3. 保温层施工工艺是什么？质量控制主要包括哪些？
4. 什么时候需要设置隔汽层？设置什么位置，如何做？
5. 什么时候需要设置排汽道？要求是什么？如何施工？
6. 如何测定保温材料的含水率？

3.2 找平层施工工艺

学习目标

了解找平层材料种类及施工方法，掌握找平层施工工艺及质量控制

关键概念

找平层　坡度

防水层的基层是指在结构层上或保温层上面起到找平作用的基层，俗称找平层。找平层是防水层依附的一个层次，为了保证防水层受基层变形影响小，基层应有足够的刚度和强度，使它变形小、坚固，当然还要有足够的排水坡度，使雨水迅速排走。目前作为防水层基层的找平层有细石混凝土、水泥砂浆和沥青砂浆几种做法。不同基层情况下，不同找平层材料的技术要求和厚度见表3-5。

找平层厚度和技术要求 表 3-5

类　别	基层种类	厚度（mm）	技术要求
水泥砂浆找平层	整体混凝土	15～20	1：2.5～3（水泥：砂）体积比，水泥强度等级不低于32.5级，宜掺膨胀剂抗裂纤维等材料
	整体或板状材料保温层	20～25	
	装配式混凝土板、松散材料保温层	20～30	
细石混凝土找平层	较低强度、松散材料保温层	30～35	混凝土强度等级不低于C20
	板状材料保温层	30－35	
	装配式混凝土板	20－30	
沥青砂浆找平层	整体混凝土	15～20	1：8（沥青：砂）重量比
	装配式混凝土板、整体或板状材料保温层	20～25	
混凝土随浇随抹找平层	整体混凝土	—	原砂浆或聚合物水泥砂浆表面刮平

3.2.1 找平层施工

1. 施工准备

(1) 作业准备

施工前进行图纸会审，掌握施工图中的细部构造和技术要求，重点是屋面坡度，尤其是檐沟、水落口等处。编制防水工程施工方案或技术措施。确定材料用量与施工进度。

(2) 材料准备

1) 水泥砂浆　水泥：强度不低于32.5级；砂：中砂，级配合格、含泥量不大于3%，不含有机杂质，配合比：体积比1：2.5～1：3。

2) 沥青砂浆　沥青：60号甲、乙道路石油沥青或75号石油沥青；砂：中砂，级配合格、含泥量不大于3%，不含有机杂质；粉料：矿渣粉、页岩粉、滑石粉；配合比：质量比1：8（沥青：砂）。

3) 细石混凝土

水泥强度不低于32.5级；砂选用中砂，级配合格，含泥量不大于3%，不含有机杂质；强度应不小于C20；石子的最大粒径小于找平层厚度的2/3；粉状填充料可选磨细石料、砂、炉灰、粉煤灰、页岩灰等，不得应用石灰、石膏泥岩或黏土；其中小于0.08mm颗粒含量小于85%，振动填充密实其空隙率小于45%，含泥量不大于3%。

(3) 施工主要机具

砂浆搅拌机，混凝土搅拌机，运料推车，铁锹，铁抹子，水平刮杠，水平尺，沥青锅，炒盘，压辊，烙铁等。

2. 找平层施工

(1) 工艺流程：屋面混凝土或砂浆找平层施工工艺见图 3-3。

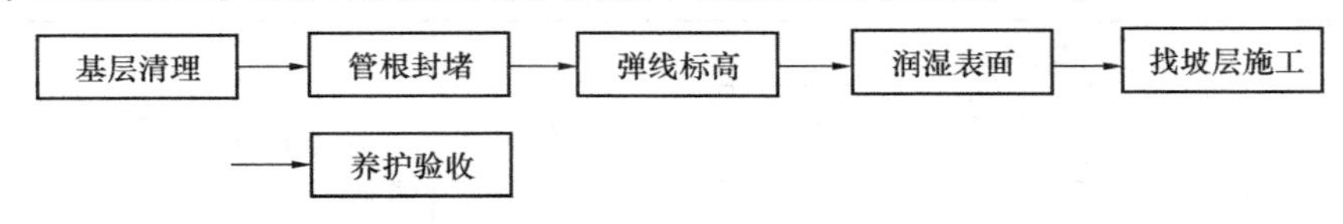

图 3-3 找平层施工工艺流程

(2) 操作工艺

1) 基层清理：将结构层、保温层上表面的松散杂物清扫干净，凸出基层表面的灰渣等粘结杂物要铲平，不得影响找平层的有效厚度。

2) 管根封堵：大面积做找平层前，应先将出屋面的管根、变形缝、屋面檐沟、墙根部处理好。

3) 水泥砂浆找平层或铺细石混凝土：

A 洒水湿润：抹找平层水泥砂浆或细石混凝土前，应适当洒水湿润基层表面，主要是利于基层与找平层的结合，但不可洒水过量，以免影响找平层表面的干燥，防水层施工后窝住水气，使防水层产生空鼓，所以洒水达到基层和找平层能牢固结合为度。

B 贴点标高、冲筋：根据坡度要求，拉线找坡，一般按 1～2m 贴点标高（贴灰饼），铺抹找平层时，先按流水方向以间距 1～2m 冲筋，并设置找平层分格缝，宽度一般为 20㎜，并且将缝与保温层连通，分格缝最大间距为 6m。放置分格缝木条的方法是：在已定分格缝的位置上放置分格缝木条，木条上平与灰筋上平一致，同时用水泥砂浆固定牢固，然后使用与灰筋的水泥砂浆进行装档抹灰，以灰筋和木条为准用木杠槎平，待收水后用铁抹子压实抹平，终凝前取出分隔木条。

C 铺装水泥砂浆或细石混凝土：按分格块装灰、铺平，用刮杠靠冲筋条刮平，找坡后用木抹子搓平，铁抹子压光。细石混凝土应用平板振动器振捣密实。待浮水沉失后，人踏上去有脚印但不下陷为度，再用铁抹子压第二遍即可交活。找平层水泥砂浆一般配合比为 1∶3，拌合稠度控制在 7mm。细石混凝土的强度等级不低于 C20。凡基层与突出屋面结构连接处，转角处均应做成半径为 30°～150°圆弧或者钝角，立面抹灰高度符合设计要求但不得低于 250mm，卷材内地凹槽抹灰应呈 45°，排水口周围应做成半径为 500mm 和坡度不小于 5%的环形洼坑。

D 基层与突出屋面结构（女儿墙、山墙、天窗壁、变化缝、烟囱等）的交接处基层的转角处，找平层均应做成圆弧形，圆弧半径应符合质量验收标准的要求。内部排水的水落口周围，找平层应做成略低的凹坑。

E 养护：找平层抹平、压实以后 24h 可浇水养护，一般养护期为 7d，经干燥后铺设防水层。

找平层是防水层的依附层，其质量好坏将直接影响到防水层的质量，所以要求找平层必须做到“五要”、“ 四不”、“ 三做到”。

五要：即一要坡度准确、排水流畅；二要表面平整；三要坚固；四要干净；五要干燥。四不：即一是表面不起砂；二是表面不起皮；三是表面不酥松；四是不开裂。三做到：既一要做到混凝土或砂浆配比准确；二要做到表面二次压光；三要做到充分养护，但是，不同材料的防水层对找平层的各项性能要求也有些侧重，有些项目要求必须严格，达不到就会直接影响防水层的质量，造成对防水层的损害，有些项目可要求低些，有些项目还可以不做要求，具体不同防水层对找平层的要求见表3-6。

不同防水层对找平层的要求　　表3-6

项目	卷材防水层		涂膜防水层	密封材料	刚性防水层	
	实铺	点铺、空铺			混凝土防水层	砂浆防水层
坡度	足够排水坡	足够排水坡	足够排水坡	无要求	一般要求	一般要求
强度	较好强度	一般要求	较好强度	坚硬整体	一般要求	较好强度
表面平整	不积水	不积水	严格要求不积水	一般要求	一般要求	一般要求
起砂起皮	不允许	少量允许	严禁出现	严禁出现	无要求	无要求
表面裂缝	少量允许	不限制	不允许	不允许	无要求	无要求
干净	一般要求	一般要求	一般要求	严格要求	一般要求	一般要求
干燥	干燥	干燥	干燥	严格干燥	无要求	无要求
光面或毛面	光面	均可	光面	光面	均可	毛面
混凝土原表面	允许铺贴	允许铺贴	刮浆平整	表面处理	允许直接施工	允许直接施工

4）沥青砂浆找平层：

做法：整体混凝土板为15～20mm，装配式混凝土板、整体或板块状材料隔热保温为20～25mm，天沟、屋面凸出物根部50mm范围不小于25mm。喷刷冷底子油：基层清理干净，喷涂两道均匀的冷底子油，作为沥青砂浆找平层的结合层。配制沥青砂浆：先将沥青熔化脱水，预热至120～140℃；中砂和粉料拌合均匀，加入预热熔化的沥青拌合，并继续加热至要求温度，但不应使升温过高，防止沥青碳化变质。沥青砂浆施工的温度要求见表3-7。

沥青砂浆施工的温度要求　　表3-7

室外温度（℃）	沥青砂温度（℃）		
	拌　制	开始滚压	滚压完毕
+5℃以上	140～170	90～100	60
+5℃～-10℃	160～180	110～130	40

沥青砂浆铺设：

A　铺找平、找坡饼，间距1～1.5m。

沥青砂浆铺设，按找平、找坡线拉线铺饼后，铺装沥青砂浆，用长把刮板刮平，经火辊滚压，边角处可用烙铁烫平，压实达到表面平整、密实、无蜂窝、看不出压痕为好。

B　留置施工缝时，应留成斜槎，继续施工时清理基层，刷热沥青一道后铺沥青砂浆，再用火滚或烙铁烫平。

分格缝间距不大于 6m，缝宽 20mm，如果兼做排汽屋面排汽道时，适当加宽，并与保温层联通，分格缝应附加 250mm 的油毡。沥青砂浆铺设后，宜在当天铺设第一道卷材，否则应盖好，防止雨水和露水。

5）冬期施工技术措施

屋面找平层应该牢固坚实，表面无凸凹、起砂、起鼓现象，如有积雪、残留冰霜杂物等清扫干净，制作水泥砂浆应根据气温和养护温度掺入防冻剂，掺量由试验确定，当采用氯化钠时，宜选用普通硅酸盐水泥或矿渣硅酸盐水泥，不得使用高铝水泥，砂浆强度不得低于 3.5MPa，当施工温度不低于 −7℃ 时按下表使用（占水重量%），并采取有效的保温措施。

施工温度要求　　　　**表 3-8**

项目	施工时室外气温℃		
	0～−2	−3～−5	−6～−7
用于平面部位	2	4	6
用于檐口、天沟等部位	3	5	7

6）找平层转角处圆弧半径要求：

为了减少转角处应力对防水材料的拉伸破坏，屋面突出结构与平屋面应施工成圆弧角，对于不同防水材料，在找平层上的圆弧角按表 3-9 设置半径大小。

找平层转角处圆弧半径要求　　　　**表 3-9**

卷材种类	圆弧半径（mm）
沥青防水卷材	100～150
高聚物改性沥青防水卷材	50
合成高分子防水卷材	20

7）排汽屋面施工：

排汽屋面，就是在铺卷材第一层卷材时，采用空铺、条粘和点粘，使卷材与基层之间留有横纵相通的空隙做排汽道，对有保温层屋面，可在保温层上面的找平层上留排汽道，并在屋面或屋脊上设置一定数量的排汽孔，与大气相通，这样就可使潮湿基层中的水分蒸发出去。防止卷材起鼓。同时对保温层屋面还可以是保温层材料含水率降低到自然风干状态下的含水率，从而大大提高保温效果。

在潮湿的隔热保温层上做卷材防水层，为保证质量，屋面应采用排汽道方法，一般要求：

排汽道应留设在预制板支承边的拼缝处，其纵横向导最大间距宜为 6m，宽度不小于 80mm。

屋面每 36 ㎡宜设置一个排汽孔，排汽道应与排汽孔相互连通，并与大气连通，不得堵塞，排汽孔做好防水处理；在条件允许下，排汽道应与屋面已有的排汽道相通，以减少排汽孔的位置；找平层分格缝的位置应与保温层及排汽道位置一致，以兼做排汽道。

排汽道施工方法

A 有保温层屋面排汽道做法：首先确定排汽道的位置、走向及出汽孔的位置。在板块隔热保温层施工时，当粘铺板块时，应在已定的排汽道位置拉开 80～140mm 的通缝，缝内用大粒径、大孔洞炉渣填平，中间留设 12～15mm 的通缝，再抹找平层。铺设防水层前，在排汽道位置处，找平层上部附加宽度为 300mm 单边点粘的卷材覆盖层。

B 有找平层无保温层屋面排汽道做法：首先确定排汽道的位置、走向及出汽孔的位置。分格缝做排汽道的间距以 4～5m 为宜，不宜大于 6m，缝宽 12～15mm，铺设防水层前，缝上附加宽度为 250mm 单边点粘的卷材覆盖层。

3.2.2 施工要点和质量控制

做好高质量找平层的基础是材料本身的质量和排水坡度，因此将材料合格和配比准确，以及按设计要求的排水坡作为找平层检验的主控项目，必须达到要求。只有首先控制这些基本的项目，在施工过程中再进行有效的过程控制，找平层的质量才能得到保证。

找平层质量在施工过程中还应进行控制，即控制找平层表面的二次压光和充分养护，检查表面平整度，有否起皮、起砂，转角圆弧是否正确，分格缝设置是否按设计要求，找平层粘结牢固找平层应防止空鼓、开裂，水落口周围的坡度应准确，水落口杯与基层连接处应留宽 20mm、深 20mm 凹槽，嵌填密封材料。

1. 主控项目

水泥、沥青应有出厂合格证，或试验资料。原材料及配合比必须符合设计要求和施工及验收规范的规定。屋面、天沟、檐沟找平层的坡度，必须符合设计要求，平屋面坡度不小于 3%；天沟、檐沟纵向坡度不宜小于 1%，沟底水落差不得超过 200mm（检验方法：水平仪、水平尺、拉线和尺量检查）找平层的排水坡度必须符合设计要求，找平层施工时设置分格缝，控制裂缝的产生。

2. 一般项目

水泥砂浆找平层无脱皮、起砂等缺陷。沥青砂浆应拌合均匀，沥青砂浆找平层应铺密实，无蜂窝等缺陷。找平层与突出屋面构造交接处和转角处，应做成圆弧形或钝角，且要求整齐平顺。找平层分格缝留设位置和间距，应符合设计和施工及验收规范的规定。表面平整，其平整度偏差及检查方法见表 3-10。

找平层表面偏差 **表 3-10**

项　目	允许偏差（mm）	检 查 方 法
表面平整	5	用 2m 靠尺和楔形塞尺检查

3. 找平层的修补

由于种种原因，找平层施工达不到要求，存在缺陷，那就必须采取补救的办法。只要找平层强度没有问题（强度不够要返工重做），为避免过大损失和工期的延误，还是可以进行修补的，修补方法和材料见表 3-11。

找平层缺陷修补 **表 3-11**

找平层缺陷	修补方法和材料
积水、不平整	聚合物水泥砂浆找补
起砂、起皮、麻面	聚合物水泥浆刮涂
转角圆弧不合格	水泥砂浆、聚合物水泥砂浆补抹，放置聚苯乙烯泡沫板条
分格缝未设	切割机切割
裂　缝	涂抗裂胶
强度不够	返工

4. 成品保护

施工成活的找平层上，推小车运输时，应先铺脚手板车道，以防止破坏找平层表面。找平层施工完毕，未达到一定强度时不得上人踩踏。雨水口、内排水口施工过程中，应采取临时措施封口，防止杂物进入堵塞。

应注意的质量问题：①找平层起砂：水泥砂浆找平层施工后养护不好，使找平层早期脱水；砂浆拌合加水过多，影响成品强度；施工中注意配合比，控制加水量，掌握抹压时间，成品不能过早上人。②找平层空鼓、开裂：基层表面清理不干净，水泥砂浆找平层施工前未用水湿润好，造成空鼓；应重视基层清理，认真施工结合层工序，注意压实。由于砂子过细、水泥砂浆级配不好、找平层厚薄不均、养护不够，均可造成找平层开裂；注意使用符合要求的砂，保温层平整度应严格控制，保证找平层的厚度基本一致，加强成品养护，防止表面开裂。③倒泛水：保温层施工时须保证找坡泛水，抹找平层前应检查保温层坡度泛水是否符合要求，铺抹找平层应掌握坡向及厚度。

课后讨论

1. 找平层施工后有哪些缺陷？如何修补？
2. 找平层的施工要点是什么？
3. 要准确控制找平层坡度，施工应采取什么措施？
4. 什么时候需要放置排汽道，要求是什么？如何施工？

3.3　高聚物改性沥青防水卷材施工工艺

学习目标

了解防水卷材种类及施工方法，掌握防水层施工工艺及质量控制

关键概念

防水卷材

传统的沥青油毡防水卷材缺点是消耗大量的纸、施工条件差、污染环境；卷材低温脆裂、高温流淌，老化龟裂、腐烂渗漏，使用寿命短。以合成高分子聚合物（如SBS、APP、APAO、丁苯胶、再生胶等）改性沥青为涂盖层，纤维织物或纤维毡为胎体，粉状、粒状、片状或薄膜材料为覆面材料制成的可卷曲片状防水材料称为高聚物改性沥青防水卷材。

高聚物改性沥青防水卷材以各种弹性和弹塑性的高分子塑料和橡胶为改性材料，加入到沥青中制备的防水材料。改性后沥青为涂盖材料，以玻璃纤维或聚酯无纺布为胎基制备的柔性防水卷材。与传统沥青卷材相比其特点是：使用年限长、技术性能好、施工操作简单低污染等，温度稳定性好、高温不流淌，低温不脆裂，拉伸强度高，延伸率大等优点。

高聚物改性沥青防水卷材主要品种有SBS改性沥青防水卷材，其特点是：弹性高、延伸率大，耐疲劳性好低温柔性好，应用：屋面、地下室、卫生间等防水，尤其适合寒冷地区。APP改性沥青防水卷材；特点：弹性好、有突出的热稳定性和抗光辐射性，应用：高温和强烈太阳辐射的屋面。

高聚物改性沥青防水卷材施工方法可以采用热熔、冷粘法、自粘法施工。具体施工时还可根据实际工程情况采取满粘贴（全粘法），即卷材与基层采用粘结剂全部粘贴的施工方法；空铺法，即铺贴防水卷材时，卷材与基层仅在四周一定宽度内粘贴，其余部分不粘结的粘贴施工方法；条粘法，即铺贴防水卷材时，卷材与基层采用粘结剂条状粘贴的方式，每幅卷材与基层的粘结面不少于两条，每条宽度不小于150mm的卷材粘贴施工方法；点粘法，即铺贴防水卷材时，卷材或打孔卷材与基层采用点状粘贴，每平方米卷材粘结不少于5个点，每点面积为100mm×100mm；热熔法，即采用火焰加热器、熔化热熔型防水卷材底层的热熔胶进行粘结的施工方法。屋面卷材

铺贴方法及适应条件见表 3-12。

屋面卷材铺贴方法　　表 3-12

铺贴方法	适应条件
满粘法	屋面防水面积较小，结构变形不大，找平层干燥
空铺法	适应于基层潮湿，找平层水汽难以排出及结构变形较大的屋面
条粘法	适用结构变形较大，基面潮湿，排气困难的屋面
点粘法	适用结构变形较大，并基面潮湿，排气有一定困难的屋面

3.3.1 高聚物改性沥青防水卷材施工

1. 施工准备

(1) 作业准备

防水卷材施工前，防水层的基层已通过检查验收，表面平整、坚实、清洁，无开裂、空鼓和起砂，含水率检查符合防水层铺贴的要求，或已安排汽屋面做法预留好排汽道和排汽孔，各细部的处理符合防水层铺贴要求，质量符合设计和规范规定。找平层与突出屋面得到物体（女儿墙、烟囱）相连的阴角抹成光滑的小圆角，找平层与檐口、排水沟等相连的转角抹成光滑一致圆弧。做好细部阴阳角，水落口、雨水口、檐沟、天沟坡度准确，密封严密。施工前必须有施工方案，要有文字或口头技术交底，由防水卷材应由专业施工队施工，操作人员需持证上岗。

(2) 材料准备

确定卷材的规格，根据工程经验及市场供应确定材料品种，计算卷材用量，材料进场后对材料进行质量验收，检查材料的合格证和出厂检验报告并存档，按照现行规范检查防水卷材的外观、规格验收，并进行抽样，送检。高聚物改性沥青防水卷材的外观、规格及物理性能要求见表 3-13、表 3-14、表 3-15。

高聚物改性沥青卷材的外观质量要求　　表 3-13

项　目	外观质量要求
孔洞、缺边、裂口	不允许
边缘不整齐	不超过 10mm
胎体露白、未浸透	不允许
撒布材料粒度、颜色	均匀
每卷卷材的接头	不超过 1 处，较短的一段不应小于 1000mm，接头处应加长 150mm

高聚物改性沥青卷材规格　　表 3-14

厚度（mm）	宽度（mm）	每卷长度（m）	
		SBS	APP
2.0	≥1000	15.0	15.0
3.0	≥1000	10.0	10.0
4.0	≥1000	7.5	10、7.5

高聚物改性沥青卷材的物理性能 **表 3-15**

<table>
<tr><th rowspan="2">序号</th><th rowspan="2" colspan="2">项目</th><th colspan="2">聚酯胎</th><th colspan="2">玻纤胎</th><th rowspan="2">聚乙烯胎</th></tr>
<tr><th>Ⅰ</th><th>Ⅱ</th><th>Ⅰ</th><th>Ⅱ</th></tr>
<tr><td rowspan="3">1</td><td rowspan="3">可溶物含量（g/m²）≥</td><td>2mm</td><td colspan="2">—</td><td colspan="2">1300</td><td rowspan="3"></td></tr>
<tr><td>3mm</td><td colspan="2">2100</td><td colspan="2"></td></tr>
<tr><td>4mm</td><td colspan="2">2900</td><td colspan="2"></td></tr>
<tr><td rowspan="2">2</td><td rowspan="2">不透水性</td><td>压力(Map)≥</td><td colspan="2">0.3</td><td>0.2</td><td>0.3</td><td>0.3</td></tr>
<tr><td>保持时间(min)≥</td><td colspan="5">30</td></tr>
<tr><td rowspan="2">3</td><td rowspan="2" colspan="2">耐热度（℃）</td><td>90(110)</td><td>105(130)</td><td>90(110)</td><td>105(130)</td><td>90</td></tr>
<tr><td colspan="4">无流动、流淌、滴落</td><td>无流淌、起泡</td></tr>
<tr><td rowspan="2">4</td><td rowspan="2">拉力(N/50mm)≥</td><td>纵向</td><td rowspan="2">450</td><td rowspan="2">800</td><td>350</td><td>500</td><td rowspan="2">100</td></tr>
<tr><td>横向</td><td>250</td><td>300</td></tr>
<tr><td rowspan="2">5</td><td rowspan="2">延伸率(%)≥</td><td>纵向</td><td rowspan="2">最大拉力时30(25)</td><td rowspan="2">最大拉力时40</td><td rowspan="2" colspan="2"></td><td rowspan="2">100</td></tr>
<tr><td>横向</td></tr>
<tr><td rowspan="2">6</td><td rowspan="2" colspan="2">低温柔度(℃)</td><td>−18(−5)</td><td>−25(−15)</td><td>−18(−5)</td><td>−25(−15)</td><td>−10</td></tr>
<tr><td colspan="5">3mm厚r=15mm4mm后r=25，3s弯180度无裂纹</td></tr>
<tr><td rowspan="2">7</td><td rowspan="2">撕裂强度(N)≥</td><td>纵向</td><td rowspan="2">250</td><td rowspan="2">350</td><td>250</td><td>350</td><td rowspan="7"></td></tr>
<tr><td>横向</td><td>170</td><td>200</td></tr>
<tr><td rowspan="5">8</td><td rowspan="5">人工加气老化</td><td rowspan="2">外观</td><td colspan="4">Ⅰ级</td></tr>
<tr><td colspan="4">无滑动、流淌、滴落</td></tr>
<tr><td>拉力保持率(%)纵向≥</td><td colspan="4">80</td></tr>
<tr><td rowspan="2">低温柔度(℃)</td><td>−10(3)</td><td>−20(−10)</td><td>−10(3)</td><td>−20(−10)</td></tr>
<tr><td colspan="4">无裂纹</td></tr>
</table>

与防水卷材配套材料包括胶粘剂、密封材料、保护层材料等。胶粘剂应用较多的是氯丁橡胶改性沥青胶粘剂，为黑色液体，用于基层处理；密封材料多为橡胶改性沥青嵌缝膏即密封膏，用于细部嵌固边缝；保护层材料有各种石片、各色保护涂料或上人屋面保护层材料；70号汽油用于调整胶粘剂的施工稠度等。

(3) 施工机具

根据具体施工方法确定，常用的有电动搅拌机、高压吹风机、自动热风焊接机，喷灯或可燃性气体焰、铁抹子、滚动刷、常把滚动刷、钢卷尺、剪刀、扫帚、线等。

2. 防水层施工

(1) 卷材防水工艺流程（图3-4）。

(2) 操作工艺：

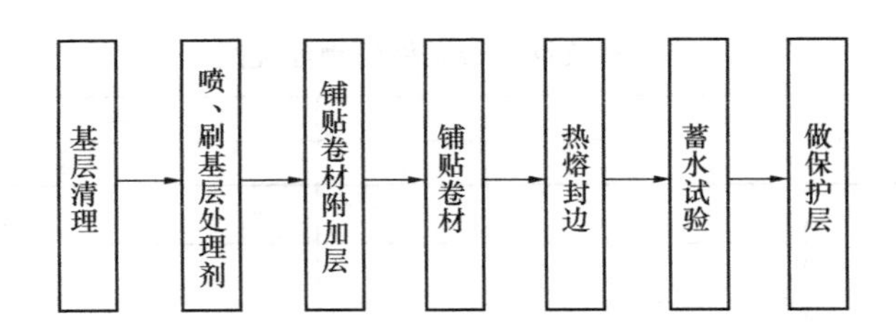

图 3-4 高聚物改性沥青防水卷材施工工艺流程

1）基层清理：施工前将验收合格的基层表面尘土、杂物清理干净。

2）涂刷基层处理剂：高聚物改性沥青防水卷材施工，按照产品说明书配套使用，基层处理剂是将氯丁橡胶沥青胶粘剂加入工业汽油稀释，搅拌均匀，用长把滚刷均匀涂刷于基层表面上，常温经过 4h 后（以不粘手脚为准），开始铺贴卷材，涂刷处理剂要均匀，切勿反复涂刷。

3）附加层施工：基层处理剂干燥后，先对女儿墙、水落口、管根、檐口、阴阳角等细部先做附加层，在其中心 200mm 范围内，均匀涂刷 1mm 厚度胶粘剂，干燥后再粘结一层胎体增强材料，在其上再刷一层 1mm 胶粘剂，干燥后形成一层无接缝和弹塑性的整体附加层。排汽道和排汽帽必须畅通，排汽道上的卷材附加层每边宽度不小于 250mm，必须单面点粘，阴阳角圆弧半径 30～50mm，铺贴在立墙上的卷材高度不小于 250mm，附加的范围应符合设计和屋面工程技术规范的规定。

4）卷材铺贴：卷材的层数、厚度应符合设计要求。卷材的铺贴方向应根据屋面坡度和屋面是否有振动来确定。当屋面坡度小于 3%时，卷材宜平行于屋脊铺贴；屋面坡度在 3%～15%时，卷材可平行或垂直于屋脊铺贴；屋面坡度大于 15%或受振动时，沥青卷材、高聚物改性沥青卷材应垂直于屋脊铺贴，合成高分子卷材可根据屋面坡度、屋面有否受振动、防水层的粘结方式、粘结强度、是否机械固定等因素综合考虑采用平行或垂直屋脊铺贴。上下层卷材不得相互垂直铺贴。屋面坡度大于25%时，卷材宜垂直屋脊方向铺贴，并应采取固定措施，固定点应密封。多层铺设时接缝应错开。将改性沥青防水卷材剪成相应尺寸，用原卷心卷好备用；铺贴时随放卷随用火焰喷枪加热基层和卷材的交界处，喷枪距加热面 300mm ，经往返均匀加热，趁卷材的材面刚刚熔化时，将卷材向前滚铺、粘贴，搭接部位应满粘牢固，搭接宽度满粘法为长边不小于 80mm，短边不小于 100mm，铺贴第二层卷材时，上下层不得互相垂直铺贴。

5）热熔封边：将卷材搭接处用火焰加热器加热，趁热使两者粘结牢固，以边缘溢出沥青为准，末端手头可利用密封膏嵌缝严密，如为多层，每层必须封边，不得只封面层。

6）防水保护层施工：上人屋面按设计要求作各种刚性防水层屋面保护层，细石混凝土、水泥砂浆、贴地砖等。保护层施工前，必须做油纸或玻纤布隔离层，刚性保护层的分格缝留置应符合设计要，设计无要求的，水泥砂浆分格缝面积为 1 m²，缝宽、深均为10mm，并嵌沥青砂浆，块材保护层分格缝面积不宜大于100 m²，缝宽不宜小于20mm，细石混凝土保护层分格缝面积不大于36 m²，刚性保护层与女儿墙、山墙间应预留30mm宽度缝，并用密封胶嵌填严实。女儿墙内侧砂浆保护层分格缝间距不大于1m，缝宽、深均为10mm，内填沥青嵌缝膏，保护层分格缝必须与找平层及保温层分格缝上下对齐。

不上人屋面保护层根据设计可以采取两种施工方法：

A 防水层表面涂刷氯丁橡胶沥青胶粘剂，随即撒石片，要求铺撒均匀，粘结牢固，形成石片保护层。

B 防水层表面涂刷银色反光涂料（银粉）两遍，如有设计要求，按设计施工。

3.3.2 施工要点和质量控制

防水材料及配套材料的品种、规格、性能必须符合设计要求和规范要求，以不透水性、拉力、延伸率、低温柔度、耐热度等指标控制，卷材厚度不小于3mm；坡度必须符合设计要求，阴阳角应做成30～50mm的圆弧；基层表面必须干燥。

卷材搭接及封边是关键，搭接长度必须符合工艺标准，每层封边必须逐层检查验收无误后方可施工上一层；在女儿墙、檐沟墙、天窗壁、变形缝、烟囱根、雨水口、屋脊等部位做好附加层和防水卷材的收头是关键，必须验收合格方可施工保护层；掌握火焰加热器与卷材加热面的距离。

1. 主要项目

(1) 高聚物改性沥青防水卷材及胶粘剂的品种、牌号及胶粘剂配合比必须符合设计要求和屋面工程技术规范的规定。检验方法：防水队的资质证明，人员上岗证、材料的出厂合格证及复检报告。

(2) 卷材防水层及其变形缝、天沟、檐沟、檐口、泛水，水落口、预埋件等细部做法，必须符合设计要求和有关标准的规定。检验方法：观察检查，检查隐蔽工程验收记录。

(3) 卷材屋面防水层，严禁有渗漏现象。检验方法：雨后检查或淋水、蓄水检验。

2. 一般项目

铺贴卷材防水层的搭接缝应粘焊牢固，密封严密，不得有褶皱、翘边和鼓泡等缺陷。防水层的收头应与基层粘结并固定，封口严密，不得翘边，阴阳角处理成圆弧或钝角。聚氨酯底胶涂刷均匀，不得有漏刷和麻点等缺陷。

卷材防水层的铺贴方法、搭接、收头处理符合屋面工程技术规范的规定粘贴牢固，无滑移，翘边、起泡、折皱等，卷材铺贴方向正确。

卷材防水层上的撒布材料和浅色涂料保护层应铺撒涂刷均匀，粘结牢固，颜色均匀，如为上人屋面，保护层施工应符合设计要求。

水泥砂浆、块材和细石混凝土与卷材防水层应设置隔离层，刚性保护层的分格缝留置应符合设计要求。

卷材的铺贴方向正确，卷材的搭接宽度偏差为±10%，观察和直尺检查。

3.3.3 成品保护和文明施工

施工过程中应防止损坏已做好的保温层、找平层、防水层、保护层。防水层施工中及施工后不得穿硬底及带钉鞋在屋面上行走。施工屋面运送材料的手推车支腿应用抹布包扎，不得在屋面上堆重物，防止已做好的面层损坏。防水层施工时应采取措施防止污染墙面、檐口及门窗等。屋面施工中应及时清理杂物，不得有杂物堵住水落口、天沟等，要保护排汽帽、不得堵住和损坏屋面各构造层应及时进行施工，特别是保护层与防水层连续施工，保证防水层不被破坏。

注意防火，应有灭火设施，胶粘剂和溶剂有毒，做好防护，采用热熔法施工，气温不低于－5℃，环境温度不低于10℃。

3.3.4 资料存档

高聚物改性沥青卷材（SBS及APP）及胶结材料应有产品合格证，出厂质量检验报告，材料进场应进行复试并有合格资料，配套材料配制资料及粘结试验，隐蔽资料和质量检验评定资料；雨后或淋水、蓄水检验记录。

3.3.5 卷材防水细部构造

1. 变形缝（图3-5）

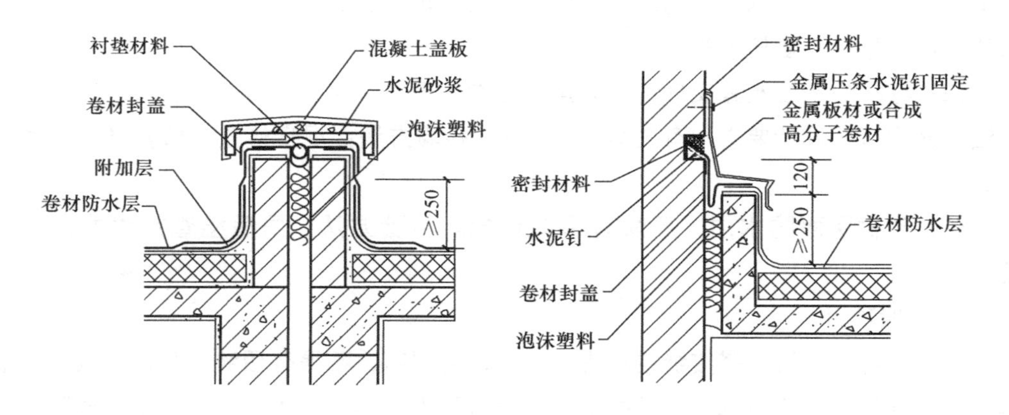

图3-5 变形缝防水构造

2. 出屋面管道与排气管（图3-6）
3. 水落口（图3-7）
4. 屋面出入口（图3-8）
5. 泛水（图3-9）
6. 檐沟和自由落水檐口（图3-10）

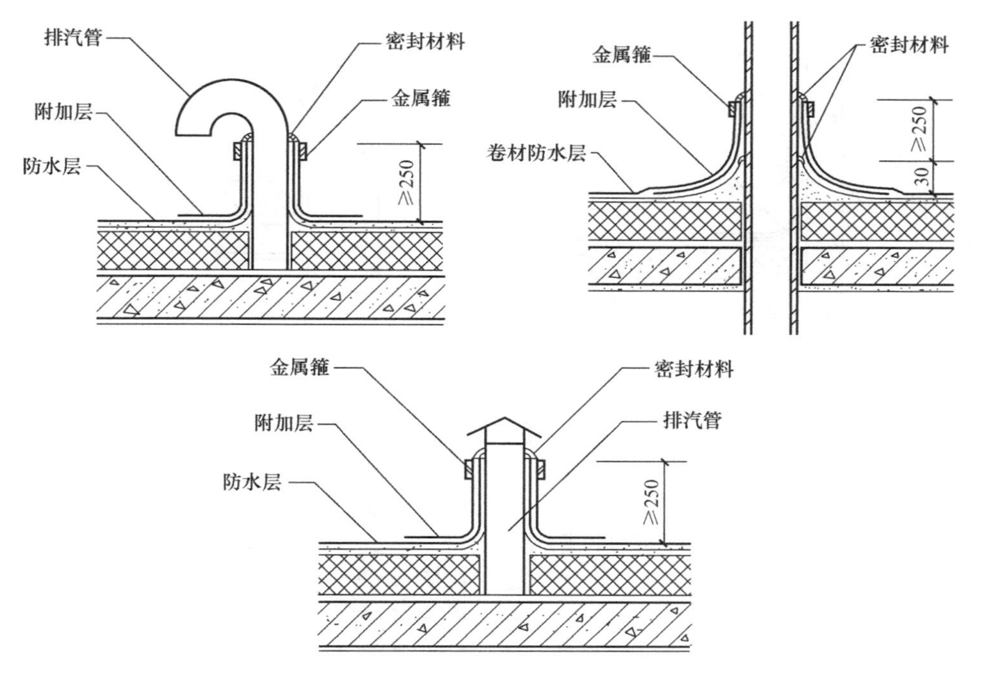

图 3-6　出屋面管防水构造

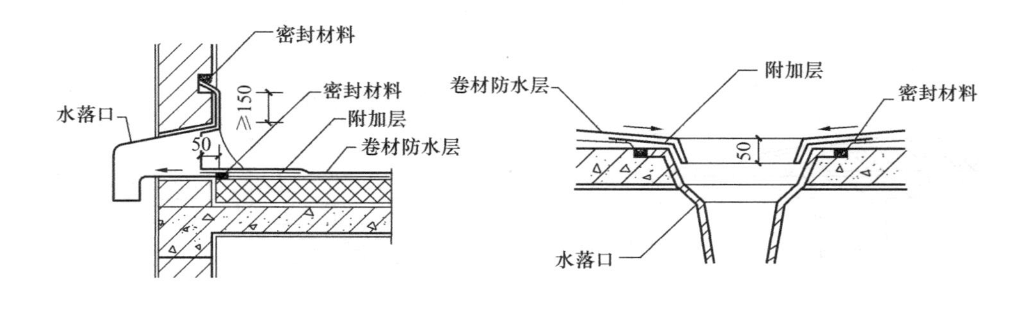

图 3-7　水落口防水构造

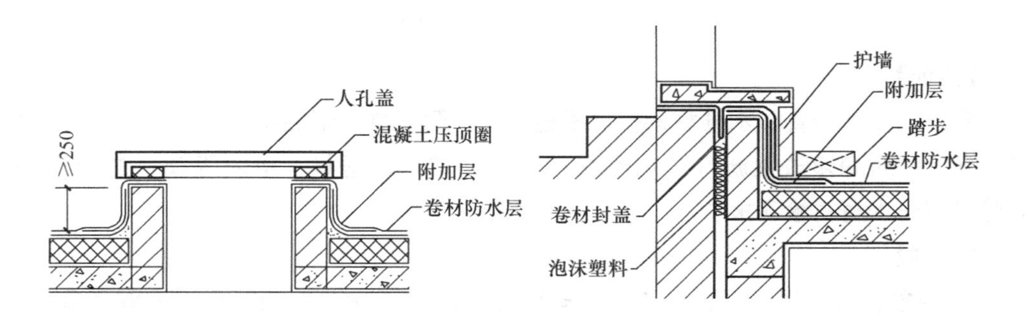

图 3-8　屋面水平和垂直出入口防水构造

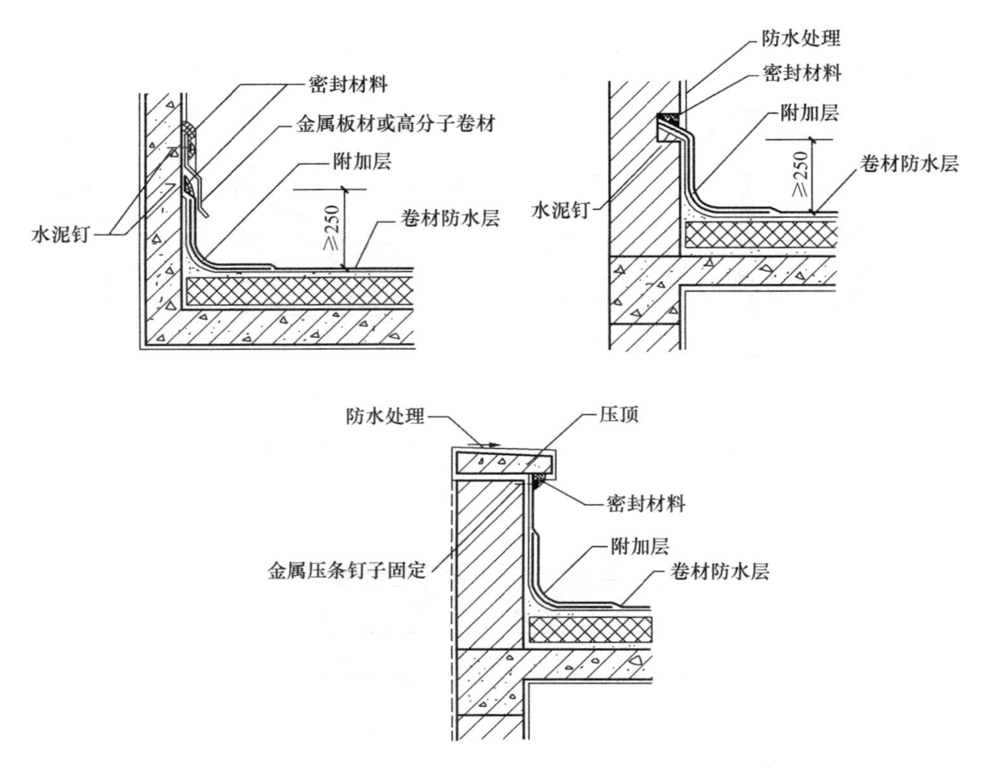

图 3-9 泛水防水构造

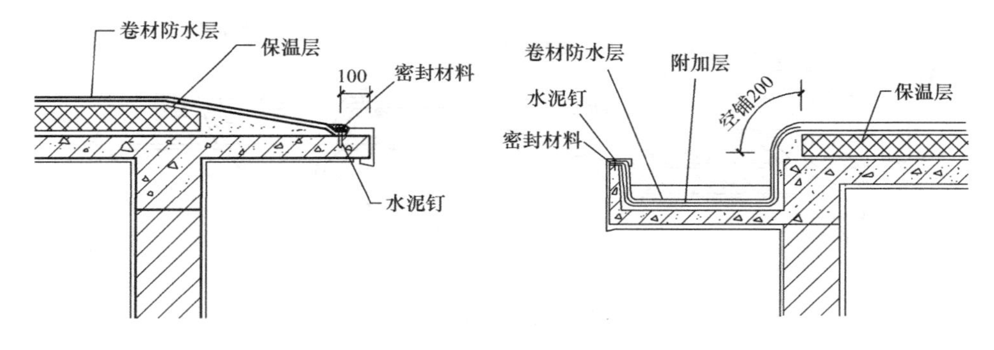

图 3-10 檐口与檐沟防水构造

【实训】

高聚物改性沥青防水卷材取样、不透水性、耐热性、低温柔性试验。利用防水材料实训室，对 SBS 改性沥青防水卷材按照材料取样、送样、检测等项目进行实训，完整填写防水材料检测报告。

【案例】

1. 现象：某工程屋面防水施工完毕后经一段时间女儿墙根处出现渗漏现象，女儿墙为砖砌，墙面预留泛水凹槽，屋面采用高聚物改性沥青防水卷材，无保温层。试分析产生原因及防治措施。

2. 分析可能原因。

3. 防治措施。

课后讨论

1. 高聚物改性沥青防水材料的施工工艺是什么？质量控制主要包括哪些项目？

2. 高聚物改性沥青防水卷材檐沟、泛水、变形缝、管根、水落口、预埋件、基础底座、屋面出入口防水要点是什么？

3.4　合成高分子防水卷材施工

学习目标

了解防水卷材种类及施工方法，掌握防水层施工工艺及质量控制

关键概念

合成高分子　冷粘法

合成高分子防水卷材是以合成橡胶、合成树脂或两者的共混体为基料，加入适量的化学助剂、填充剂，采用密炼、挤出或压延等橡胶或塑料的加工工艺所制成的可卷曲的片状防水材料。合成高分子防水卷材是近年发展起来的性能优良的防水卷材新品种，可分为有胎和无胎两大类。合成高分子防水卷材具有抗拉强度高、延伸率大、抗撕裂强度好、耐热、耐低温性能优良、耐腐蚀耐老化，单层施工冷作业等特点。可以应用在具有良好防水性能的屋面、地下工程，适用防水等级为Ⅰ、Ⅱ级屋面防水工程，对基层伸缩或开裂，变形适应性强，以及重量轻、可单层施工等特点，因此在国外发展很快。

我国研究、开发、应用合成高分子防水卷材较晚，但也有近 20 年的工程应用历史，并先后在国内外的屋面、地下室、隧道和水池等防水工程中推广应用共达 1800 万 m^2。目前在国内属高档防水材料，现已形成年产 400 多万 m^2 的生产能力。

合成高分子防水卷材与高聚物改性沥青防水卷材铺贴方法不同，可采用冷粘法，即在常温下采用胶粘剂等材料进行卷材与基层，卷材与卷材间粘结的施工方法；自粘法，即采用带有自粘胶的防水卷材进行搭接粘合的施工方法；热风焊接法，即采用热空气焊枪进行防水卷材搭接粘合的施工方法。

3.4.1 合成高分子防水卷材防水施工

1. 施工准备：

(1) 作业准备

施工前图纸会审，并编制屋面工程施工方案、技术措施及进度计划。掌握屋面节点防水细部处理要点，计算防水卷材用量及配套材料种类和用量。屋面工程的防水层必须由经资质审查合格的专业防水队伍进行施工，作业人员有上岗证。

(2) 材料准备

屋面工程所采用的防水应有产品合格证和性能检验报告，材料的品种、规格、性能等应符合现行国家产品标准和设计要求，材料进场后，应进行复检，不合格的材料，不得应用到屋面工程中。合成高分子卷材品种、规格见表 3-16，物理性能见表 3-17，参考配套材料见表 3-18。

合成高分子卷材质量要求　　表 3-16

项目	外 观 质 量 要 求
折痕	每卷不超过 2 处，总长度不超过 20mm
杂质	大于 0.5mm 颗粒不允许，每 $1m^2$ 不超过 $9mm^2$
胶块	每卷不超过 6 处，每处面积不大于 $4mm^2$
凹痕	每卷不超过 6 处，深度不超过本身厚度 30%；树脂类深度不超过 15%
每卷卷材的接头	橡胶类每 20m 不超过 1 处，较短的一段不应小于 3000mm，接头处应加长 150mm；树脂类 20m 长度内不允许有接头

合成高分子卷材物理性能　　表 3-17

项目		性 能 要 求			
		硫化橡胶类	非硫化橡胶类	树脂类	纤维增强类
断裂拉伸强度(MPa)		≥6	≥3	≥10	≥9
扯断伸长率(%)		≥400	≥200	≥200	≥10
低温弯折(℃)		－30	－20	－20	－20
不透水性	压力(MPa)	≥0.3	≥0.2	≥0.3	≥0.3
	保持时间(min)	≥30			
加热收缩率(%)		<1.2	<2.0	<2.0	<1.0
热老化保持率[(80±2)℃，168h]	断裂拉伸强度	≥80%			
	扯断伸长率	≥70%			

合成高分子防水卷材配套材料　　表3-18

配套材料	三元乙丙防水卷材使用	氯化聚乙烯—橡胶共混防水卷材使用	氯化聚乙烯防水卷材使用
1. 基层处理剂	聚氨酯甲、乙组分二甲苯稀释剂	聚氨酯涂料稀释或水乳型涂料喷涂处理	稀释粘结剂乙酸乙酯：汽油(1：1)
2. 基层胶粘剂	CX－404胶	CX－404胶或409胶	LYX－603－3号胶，淡黄色透明黏稠液体，剥离强度≥20N/2.5cm
3. 卷材接缝胶粘剂	丁基橡胶胶粘剂甲、乙组分或单组分丁基橡胶胶粘剂	氯丁系胶黏剂 CX－404胶 CX－401胶	LYX－603－2号胶，灰色黏调液体，剥离强度25N/2.5cm
4. 增强密封膏	聚氨酯嵌缝膏（甲、乙组分）	聚氨酯嵌缝膏	聚氨酯嵌缝膏
5. 着色剂	用于屋面着色（银灰色）涂料	着色涂料（银灰色）	着色涂料（银灰色）
6. 自硫化胶带		丁基胶带或其他橡胶粘带	

合成高分子防水卷材的主要品种为三元乙丙和氯化聚乙烯类，其物理性能要求见表3-19。

三元乙丙一丁基橡胶防水卷材性能　　表3-19

项　　目		性能指标
抗拉断裂强度（MPa）		≥7
断裂延长率（%）		≥450
热老化保持率	断裂伸长率（%）	≥70
(80±2℃，168h)	抗拉断裂强度（%）	≥80
低温冷脆湿度（℃）		－40℃以下
不透水性（MPa×min）		≥0.3×30

对于氯化聚乙烯—橡胶共混防水卷材。规格：厚1.2、1.5mm，长20m，宽1、2m；技术性能见表3-20。

氯化聚乙烯一橡胶共混防水卷材性能　　表3-20

项　　目	性　能　指　标	胶　粘　剂
抗拉强度（MPa）	≥7.36	
断裂伸长率（%）	≥450	
低温柔度（℃）	－30℃以下	
不透水性（MPa×min）	0.3×30	

氯化聚乙烯防水卷材规格：厚度1.2mm，长20m/卷、宽0.9m；技术性能见表3-21。

氯化聚乙烯防水卷材性能　　表 3-21

项　目	性　能　指　标
抗拉强度（MPa）	≥9.8
断裂伸长率（%）	≥10
不透水性（MPa×h）	0.3×2
耐热老化（℃×h）	100℃×720h 强度不下降
耐低温（℃）	－30℃绕 ϕ10mm 无裂纹

注：合成高分子卷材应符合《聚氯乙烯防水卷材》（GB 12952—2003）、《氯化聚乙烯防水卷材》（GB 12953—2003）、《屋顶橡胶防水材料——三元乙丙片材》（HG 2402—92）标准，并符合设计要求，有出厂、复试合格的证明资料。

(3) 施工主要机具

包括电动搅拌器、高压吹风机。铁辊、手持压滚、压子、小平铲、铁桶、汽油喷灯、剪刀、钢卷尺、笤帚、小线、彩色粉、粉笔等。

2. 合成高分子防水卷材施工（图 3-11）

(1) 工艺流程：

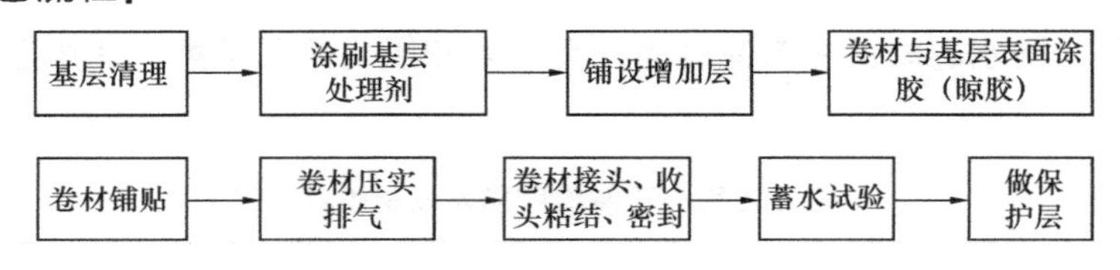

图 3-11　合成高分子防水卷材施工流程

(2) 操作工艺

1) 清理基层：施工防水层前将已验收合格的基层表面清扫干净。不得有浮尘、杂物等影响防水层质量的缺陷。铺贴防水层的基层必须施工完毕，并经养护、干燥含水率低于9%，防水层施工前应将基层表面清除干净，同时进行基层验收，合格后方可进行防水层施工。基层坡度应符合设计要求，不得有空鼓、开裂、起砂、脱皮等缺陷，防水层施工按设计要求，准备好卷材及配套材料，存放和操作应远离火源，防止发生事故。

2) 涂刷基层处理剂：涂布聚氨酯底胶。

聚氨酯底胶的配制：聚氨酯材料按甲：乙＝1：3（重量比）的比例配合，搅拌均匀即可进行涂布施工；也可以由聚氨酯材料按甲：乙：二甲苯＝1：1.5：1.5 的比例配合，搅拌均匀后进行涂布施工。常用卷材及其基层处理剂参见表 3-22。

基层处理剂　　表 3-22

主体防水材料	基层处理剂名称
三元乙丙-丁基橡胶卷材	聚氨酯底胶甲：乙：二甲苯＝1：1.5：（1.5～3）
氯化聚乙烯-橡胶共混卷材	氯丁乳胶，BX-12 胶粘剂
氯磺化聚乙烯	氯丁胶沥青乳胶

涂刷聚氨酯底胶：大面积涂刷前，用油漆刷蘸底胶在阴阳角、管根、水落口等细部复杂部位均匀涂刷一遍聚氨酯底胶。然后用长把滚刷在大面积部位涂刷。涂刷底胶（相当于冷底子油）厚薄应一致，不得有漏刷、花白等现象。

3）特殊部位的增强处理：屋面漏水薄弱处如山墙水落口、天沟、阴阳角、管根等部位除采用涂膜防水材料增强处理外，还应按下列规定处理：

A　卷材末端的收头及封边处理：为了防止卷材末端剥落或渗水，末端收头必须用与其配套的嵌缝油膏封闭。当密封材料固化后在末端收头处再涂刷一层聚氨酯防水涂料，然后用108胶水泥砂浆（水泥：砂：胶（质量比）=1：3：0.15）压缝封闭。

B　檐口卷材收头处理：可直接将卷材贴到距檐口边20～30 mm处采用密封膏封边，也可在找平层施工时预留30mm半圆洼坑，将卷材收头压入后密封膏封闭，再抹掺108胶砂浆。

C　天沟卷材铺贴：卷材应顺天沟整幅铺贴，尽量减少接头，接头应顺流水方向搭接，并用密封膏封严，当整幅卷材不足天沟宽度时，应尽量在天沟外侧搭接，外侧沟底坡向檐口水落口处搭接缝和檐沟外侧卷材的末端均应用密封膏封闭，内侧应贴进檐口不少于50mm，并压到屋面卷材下面。

D　水落口卷材铺贴：水落口杯应用细石混凝土或掺108胶带水泥砂浆嵌固，与基层接触处应留出宽20mm，深20mm的凹槽，嵌填密封材料，并做成以水落口为中心比天沟低30mm的洼坑，在周围直径500mm范围内应先涂基层处理剂，再涂2mm厚度密封膏，并宜加一层胎体增强材料，然后做一层卷材附加层，深入水斗不少于100mm，上部剪开将四周贴好，再铺贴天沟卷材层，并剪开深入水落口，用密封膏封严。

E　阴阳角卷材铺贴：阴阳角的基层应做成圆弧形，半径不小于20mm，涂底胶后再用密封膏涂封，其范围距转角每边宽200mm，再增铺一层卷材附加层，接缝处用密封膏封固。

F　高低跨、女儿墙、天窗下泛水收头处理：屋面与立墙交接处应做成圆弧形或钝角，涂刷基层处理剂后，再涂100mm宽带密封膏一层，铺贴大面积卷材前顺交角方向铺贴一层200mm宽的卷材附加层，搭接长度不小于100mm。高低跨墙及女儿墙、天窗下泛水卷材收头应做滴水线及凹槽，卷材收头嵌入后，用密封膏封固，上面抹掺108胶水泥砂浆，当遇到卷材垂直于山墙泛水铺贴时，山墙泛水部位应另用一平行于山墙方向的卷材压贴，与屋面卷材向下搭接不小于100mm，当女儿墙较低时，应铺过女儿墙顶部，用压顶封压。

G　排气管、洞卷材收头处理：排气洞根部卷材铺贴和立墙交界处相同，转角处应按阴阳角做法处理，排气管根部应先用细石混凝土填嵌密实，并做出圆弧或45°左右的坡面，上口留20mm宽、20mm深凹槽，然后再端部用麻丝或细钢丝绑缠后再用密封膏密封，必要时再加做细石混凝土保护层。

当屋面为装配式结构时，板凳端缝处必须加做缓冲层，第一种是在板凳端缝处空铺一条 150mm 左右的卷材条，第二种是单边点贴 200mm 左右的普通石油沥青卷材条，然后再铺贴大面积卷材。

4）冷粘法铺贴合成高分子防水卷材的操作要点：

根据卷材铺贴方案，在基层表面排好尺寸，弹出卷材铺贴标准线。

A 涂刷胶粘剂：由于各种卷材的材性不同，采用的胶粘剂也不同，胶粘剂包括将卷材粘贴于基层的胶粘剂和卷材与卷材粘结的胶粘剂，一般在基层上和卷材背面均涂刷胶粘剂，当基层处理剂基本干燥，表面洁净时，将调制搅拌均匀的胶粘剂用长拖辊涂刷均匀在基层表面上，复杂部位用油漆刷涂刷，涂刷均匀一致，不得在一处反复涂刷，经过 10～20min 后，指触不黏，即可铺设卷材。

B 平面铺贴卷材：将涂胶干燥后的卷材用筒芯重新卷好，穿入一根直径 30mm 长 1500mm 的钢管，由两人抬起，依次沿线将卷材一端固定，然后沿弹好的标准线向另一端铺贴，铺贴时卷材不应拉得过紧，在松弛下铺贴，每隔 1000mm 左右对准标准线粘贴一下，不得褶皱，每铺完一副卷材后，立即用长把压辊从一端开始，顺卷材横向一次辊压一遍，排除卷材粘结层间的空气，然后用外包橡皮的大压辊辊压，使其粘结牢固。

C 立面铺贴卷材：铺贴泛水时，应先留出泛水高度的卷材，先贴平面，再统一由下向上铺贴立面，铺贴时切忌拉紧，随转角压紧压实往上粘贴，最后用手持辊压从上往下辊压，不得有空鼓和粘结不牢等现象。

D 卷材接缝粘结：卷材搭接方式有搭接法、对接法、增强搭接法和增强对接法四种。

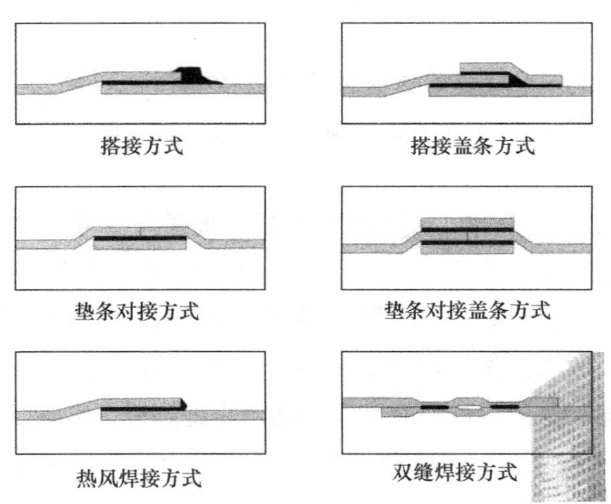

图 3-12 合成高分子防水卷材搭接缝处理

卷材搭接缝粘贴，首先将搭接缝上层卷材表面每隔 500～1000 处点涂胶粘剂，基本干燥后将搭接缝卷材翻开临时反向粘贴固定在面层上，然后将配制搅拌均匀的接缝胶粘剂用油漆刷均匀地涂刷在翻开的卷材接缝的两个粘结面上，涂刷均匀一致，不得露底，也不得堆积成粘胶团一般涂量在 0.5～0.8kg/m^2。干燥 20～30min，即可进行粘合，粘合从一端开始，用手压合边去除空气，不得空鼓和褶皱，然后用手持棍再次辊压一遍，在纵横交界处，有三层卷材重叠，必须用手持辊用力辊压，所有接缝口均用密封膏封口，宽度不小于 10mm。表 3-23 是常用卷材及其配套基层胶粘剂和卷材胶粘剂种类。

常用卷材及配套胶粘剂 **表 3-23**

卷材名称	卷材与基层胶粘剂	卷材与卷材胶粘剂
三元乙丙-丁基橡胶卷材	CX-404 胶粘剂	丁基接缝胶粘剂 A/B 组分
氯化聚乙烯-橡胶共混卷材	BX-12 胶粘剂	BX-12 乙组分接缝胶粘剂
氯磺化聚乙烯	CX-404 胶粘剂、氯丁胶沥青胶液	XY-409 胶 CX-403 胶
LYX-603 卷材	LYX-603-3 胶粘剂甲乙组分	LXY-603-2 胶粘剂
PVC 卷材	CX-404 胶粘剂	氯丁乳胶

5）热熔焊接法铺贴合成高分子防水卷材的操作要点：

A 当找平层涂刷基层处理剂干燥后，首先粘贴加强层。

B 铺贴大面积卷材时，先打开卷材的一端对准弹好的标准线，然后将卷材头倒退卷回 1m 左右，一人扶卷材，另一人手持火焰喷枪，点燃后调好火焰，使火焰成蓝色，将喷枪对准卷材与基层交界面，是喷枪与卷材保持最佳距离，从卷材一侧向另一侧缓缓移动，使基层与卷材同时加热，当卷材底面的热熔胶熔化并发黑色光泽时，负责卷材铺贴的人就可以缓缓滚压粘贴，摊滚操作应紧密配合加热熔化速度进行。

C 端部粘贴好后，摊滚操作人员站向卷材对面，火焰喷枪移向反面，继续进行粘贴，摊滚粘贴时，操作人员必须注意卷材沿所弹标准线铺贴，滚铺时应排出卷材下面空气，卷材边缘应有热熔胶溢出，并趁热用刮板将热熔胶刮至接缝处。

D 摊铺滚贴 1～2m 后，另外一人用压辊趁热滚压严实，使之平展，不得皱折。

E 熔化热熔胶时，应特别注意卷材边缘的热熔胶要充分热熔，确保搭接质量。铺贴复杂部位及表面不平整处，应扩大卷材烘热面，使整片卷材处于柔软状态，便于与基层粘贴严实。

F 用条粘法时，每幅卷材的每边粘贴宽度不小于 150mm。

G 施工时应严格控制摊滚速度和火焰烘烤距离，摊滚速度过快，烘烤距离太远，热熔胶未达到熔化温度，会造成卷材与基层粘结不牢，摊滚过慢，烘烤距离太近，火焰容易将热熔胶烧流淌，烧焦或烧穿卷材，施工人员必须熟练掌握这一操作关键。

6）自粘法铺贴合成高分子防水卷材的操作要点：

基层处理剂干燥后，即可铺贴加强层，铺贴时应将自粘胶底面的隔离纸完全撕净，宜采用热风焊枪加热，加热后随即粘贴牢固，溢出自粘胶随即刮平封口。

铺贴大面积卷材时，应先仔细剥开卷材一端背面隔离纸 500mm，将卷材头对准标准线轻轻摆铺，位置准确后再压实。

端头粘牢后即可将卷材反向放在已铺好的卷材上，从纸芯中穿过一根500mm长度钢管，由两端人各持一端徐徐向前沿标准线摊铺，摊铺切忌拉紧，但也不能有皱折和扭曲。

在摊铺卷材过程中，另一人手拉隔离纸缓缓掀剥，必须将自粘胶底面的隔离纸完全撕净。

铺完一层卷材，即用长把压辊从卷材中间向两边顺次来回滚压，彻底排除卷材下面空气，为粘结牢固，应滚压多次。搭接缝处，为提高可靠性，可采用热风焊枪加热，加热后随即粘贴牢固，溢出的自粘胶随即挂平封口，最后将接缝口用密封材料封严，宽度不小于10mm。

铺贴里面，大坡面卷材时，应用热风焊枪加热后粘贴牢固。

7）保护层施工：

防水层铺贴完毕，清扫干净，经淋水（蓄水）检验合格后，进行保护层施工。粉料撒铺应均匀，不得露底，水泥砂浆保护层的表面应抹平压光，并设表面分格缝，分隔面积宜为1m²；块体材料保护层应设分格缝，分隔面积不大于100m²，分格缝宽度不宜小于20mm；细石混凝土保护层，混凝土应密实，表面抹平压光，并留设分格缝，分隔面积不大于36㎡；浅色涂料保护层应与卷材粘结牢固，厚薄均匀不得漏涂。

3.4.2 施工要点和质量控制

屋面工程施工时，应建立各道工序的三检制度，并有完整的检验记录，每道工序完成，应经监理单位或建设单位检查验收，合格后方可进行下道工序。当下道工序或相邻工程施工时，对屋面已完成的部分应采取保护措施。

合成高分子防水卷材及其配套材料必须符合设计要求，以拉伸强度、断裂伸长率、柔性作为主控指标，所选的基层处理剂接缝胶粘剂，密封材料等配套材料应与铺贴的卷材材性相容，粘结良好，密封严密，不发生腐蚀等侵害，合成高分子胶粘剂浸水保持率是一项重要的性能指标，为保证屋面整体防水性，规定浸水168h后胶粘剂的剥离强度保持率不低于70%。要求卷材有足够的厚度。

为保证卷材防水屋面的质量，所有卷材均采用搭接法。卷材搭接缝的质量是防水质量的关键，而搭接缝的宽度和粘结密封性能是搭接缝粘结质量的关键。

1. 卷材防水层所用卷材及其配套材料必须符合设计要求和有关技术规范、标准的规定，检查出厂合格证、质量检验报告和现场抽样复验报告。

2. 屋面卷材防水层严禁有渗漏现象。

3. 卷材防水层及其变形缝，檐口、泛水、水落口、预埋件等处的细部做法，必须符合设计要求和屋面工程技术规范的规定。

4. 卷材防水层铺贴和搭接、收头，应符合设计要求和屋面工程技术规范的规定，且应粘结牢固，无空裂、损伤、滑移、翘边、起泡、皱折等缺陷。

5. 铺贴卷材防水层的基层应符合排水要求，平整洁净，无起砂、空鼓和松动现象，阴阳角处应呈圆弧形或钝角；防水层无积水现象。

6. 卷材保护层：涂料附着应牢固，覆盖均匀，颜色一致，不得有漏底和脱皮缺陷；铺贴板块保护层应符合质量验评标准（砂浆保护层、细石混凝土、块材保护层设置隔离层，刚性保护层设置正确的分格缝）。

7. 卷材的铺贴方向正确，卷材搭接宽度允许偏差－10mm。

3.4.3 成品保护和安全施工

已铺好的卷材防水层，应及时采取保护措施，防止机具和施工作业损伤。屋面防水层施工中不得将穿过屋面、墙面的管根损伤变位。变形缝、水落管口等处防水层施工前，应进行临时堵塞，防水层完工后，应进行清除，保证管、缝内通畅，满足使用功能。防水层施工完毕，应及时做好保护层。施工中不得污染已做完的成品。

1. 卷材防水层空鼓：多发生在找平层与卷材之间，尤其是卷材的接缝处；原因是基层不干燥，气体排除不彻底，卷材粘结不牢，压的不实；应控制好各工序的验收。

2. 卷材屋面防水层渗漏：加强细部操作，管根、水落管口。伸缩缝和卷材搭接处，应做好收头粘结，施工中保护好接槎，嵌缝时应清理，使干净的接槎面相粘，以保证施工质量，认真做蓄水试验。

3. 积水：屋面、檐沟泛水坡度做的不顺，坡度不够，屋面平整度差。施工时基层找平层泛水坡度应符合要求。雨天、雾天严禁施工，冷粘法温度不低于5℃，热风焊接法不低于－10℃。

3.4.4 施工资料记录

合成高分子卷材及胶结材料应有：产品合格证，并在使用前做复试；胶结材料配制的配合比资料及粘结试验；隐检资料和质量检验评定资料，蓄水及淋水记录。

【实训】

合成高分子防水卷材取样、抗拉强度、延伸率、不透水性、耐热性、低温柔性检测，在实训室进行卷材试铺。

【案例】

1. 现象

卷材起鼓一般在施工后不久产生。在高温季节，有时上午施工下午就起鼓。鼓泡一般由小到大，逐渐发展，大的直径可达200～300mm，小的约数十毫米，大小鼓泡还可能成片串联。起鼓一般从底层卷材开始，其内还有冷凝水珠。

2. 分析原因。

3. 治理措施。

课后讨论

1. 合成高分子防水卷材的施工工艺是什么？质量控制主要包括哪些项目？

2. 屋面檐沟、泛水、变形缝、管根、水落口、预埋件、基础底座、屋面出入口防水要点是什么？

3.5 刚性防水层施工

学习目标

掌握防水层施工要点及质量控制

关键概念

刚性防水材料。分格缝

刚性防水屋面是指利用刚性防水材料作防水层的屋面。主要有普通细石混凝土防水屋面、补偿收缩混凝土防水屋面、纤维混凝土防水屋面、预应力混凝土防水屋面等。与前述的卷材及涂膜防水屋面相比，刚性防水屋面所用材料易得，价格便宜，耐久性好，维修方便，但刚性防水层材料的表观密度大，抗拉强度低，极限拉应变小，易受混凝土或砂浆的干湿变形、温度变形和结构变形的影响而产生裂缝。因此刚性防水屋面主要适用于防水等级为Ⅲ级的屋面防水，也可用作Ⅰ、Ⅱ级屋面多道防水设防中的一道防水层；不适用于设有松散保温层的屋面、大跨度和轻型屋盖的屋面，以及受振动或冲击的建筑屋面，也不适于温度变化大的地区。而且刚性防水层的节点部位应与柔性材料复合使用，才能保证防水的可靠性。

3.5.1 刚性防水层施工

1 施工准备

(1) 作业准备

防水层的基层、保温层和找平层已通过检查验收，并办理好隐蔽和检查验收记录。突出屋面结构、变形缝和管道等根部，应按施工图要求完成清理和密封处理。采用细石混凝土灌缝时，在灌缝前清理板缝，并刷素水泥，用钢丝吊底模，分次浇筑混凝土，浇捣密实，不得有蜂窝、麻面，高度与板平齐。

施工所需的各种材料已按计划进入现场，经验收并完成材料质量核查。已按设计和施工方案找好坡度、分格等，并已弹出准线和作好标准。配合比已经确认，水电到位、机械运转正常，搅拌制度和操作规程落实。

已完成施工技术交底，施工人员掌握操作工艺、明确技术和质量要求、了解作业顺序、做好了安全及文明施工准备。

(2) 材料准备

1) 细石混凝土材料

屋面刚性防水的细石混凝土一般采用现拌，拌合前进行配合比设计，并根据混凝土的抗渗等级进行抗渗设计，一般要求细石混凝土强度等级不应小于C20，混凝土的水灰比不应大于0.55，每立方米混凝土水泥用量不得少于330kg，含砂率宜为35%～40%，灰砂比宜为1∶2～1∶2.5。混凝土采用机械搅拌、时间不少于2min，补偿收缩混凝土不少于3min。

细石混凝土宜使用普通硅酸盐水泥或硅酸盐水泥，水泥的强度等级不宜低于32.5。使用矿渣硅酸盐水泥应采取减小泌水性的措施，不得使用火山灰水泥。石子最大粒径不宜超过15mm，含泥量不大于1%，级配良好，砂子采用中砂或粗砂，粒径在0.3～0.5mm，含泥量不大于2%。补偿收缩细石混凝土的自由膨胀率应为0.05%～0.1%。防水层的细石混凝土中宜掺加膨胀剂、减水剂、防水剂等外加剂，掺加品种应确当、掺入时应按配合比准确计量、投料顺序得当，并应用机械搅拌、机械振捣，坍落度控制在30～50mm。

2) 钢筋网片

防水层内应按设计配置直径ϕ4～ϕ6mm、间距为100～200mm的双向钢筋网片。网片采用绑扎或焊接均可，钢筋网片应在分格缝处断开。网片钢筋要调直，不得有弯曲、锈蚀、沾染油污，一个网片的同一断面（焊接为35d、绑扎为1.3×35d的区段范围）内接头不超过总断面的1/4，钢筋的绑扎搭接头长度应不少于35d。网片位置以居中偏上为宜，其保护层厚度不应小于10mm。

3) 块体刚性防水材料

块体刚性防水层使用的块材应无裂纹、无石灰颗粒、无灰浆泥面、无缺棱掉角、质地坚实和表面平整、密实。密封材料应具有相应的弹塑性、粘结性、施工性、水密性、气密性和拉伸—压缩循环性能。

4) 密封材料

对于刚性防水层留置导分隔缝应采取密封材料封严。施工前应确定密封材料的种类、规格、用量及质量要求。

(3) 主要机具

搅拌机、运输小车、磅秤、小型平板振动器、铁辊（30～40kg重、600mm左右长）、铁铲、分格缝嵌条、刮尺、木抹子、铁抹子等。混凝土工、砖瓦抹灰工，每个作业组应配备中级技工。附加层和接缝密封施工，应有防水专业工种并持有相应作业证的人员操作。

(4) 安全施工准备

施工气温宜为5～35℃，并应避免在负温度、直接淋雨或烈日暴晒下施工。严禁在雨天、雪天、大雾、五级风及其五级风以上时施工。注意高处作业及屋面粉尘飘扬，做好施工保护。

2 刚性防水层施工

(1) 工艺流程

1) 普通及补偿收缩细石混凝土施工操作

基层清理 → 做找坡层 → 做隔离层 → 弹分格缝线 →

安装分格缝木条、支边模板 → 绑扎防水层钢筋网片 → 浇细石混凝土 →

养护 → 接缝嵌填密封

2) 块体材料刚性防水屋面铺砌施工（图3-13）

基层处理 → 清扫湿润 → 打底灰、挤缝铺砌块体 → 湿润块体

→ 抹防水砂浆面层 → 压实、搓平、收光 → 养护

图3-13 刚性防水材料施工流程

(2) 刚性防水层施工操作

1) 基层处理：基层应有一定的强度，表面扫毛，干燥的基层应润湿。

2) 做隔离层

刚性防水层和结构层之间应脱离，即在结构层与刚性防水层之间增加一层低强度等级砂浆、卷材、塑料薄膜等材料，起隔离作用，使结构层和刚性防水层变形互不受约束，以减少因结构变形使防水混凝土产生的拉应力，减少刚性防水层的开裂。

水泥砂浆找平层铺卷材隔离层施工

用1∶3水泥砂浆将结构层找平，并压实抹光养护，再在干燥的找平层上铺一层3～8mm干细砂滑动层，在其上铺一层卷材，搭接缝用热沥青玛琋脂盖缝。也可以在找平层上直接铺一层塑料薄膜。

因为隔离层材料强度低，在隔离层继续施工时，要注意对隔离层加强保护，混凝土运输不能直接在隔离层表面进行，应采取垫板等措施，绑扎钢筋时不得扎破表面，浇捣混凝土时更不能振酥隔离层。

3) 分格缝设置

分格缝留置是为了减少因温差、混凝土干缩、徐变、荷载和振动、地基沉陷等变形造成刚性防水层开裂，分格缝部位应按设计要求设置。如设计无明确规定时，可按下述原则设置分格缝：

分格缝应设置在结构层屋面板的支撑端、屋面转折处（如屋脊）、防水层与突出屋面结构的交接处，并应与板缝对齐、现浇板与预制板交接处，按结构要求留有伸缩缝、变形缝的部位。纵横分格缝间距一般不大于6m，或“一间一分格”，分格面积不

超过36m^2 为宜。分格缝宽宜为 10～20mm。分格缝可采用木板，在混凝土浇筑前支设，混凝土浇筑完毕，收水初凝后取出分格缝模板。或采用聚苯乙烯泡沫板支设，待混凝土养护完成、嵌填密封材料前按设计要求的高度用电烙铁熔去表面的泡沫板。

4）粘结安放分格缝木条

5）绑扎钢筋网片

钢筋网配置应按设计要求，一般设置直径为 4～6mm，间距为 100～200mm 双向钢筋网片。网片采用绑扎和焊接均可，其位置以居中偏上为宜，保护层不小于10mm。钢筋要调直，不得有弯曲、锈蚀、沾油污。分格缝处钢筋网片要断开。为保证钢筋网片位置留置准确，可采用先在隔离层上满铺钢丝绑扎成型后，再按分格缝位置剪断的方法施工。

6）浇细石混凝土

A. 浇捣混凝土前，应将隔离层表面浮渣、杂物清除干净；检查隔离层质量及平整度、排水坡度和完整性；支好分格缝模板，标出混凝土浇捣厚度，厚度不宜小于40mm。材料及混凝土质量要严格保证，经常检查是否按配合比准确计量，每工作班进行不少于两次的坍落度检查，并按规定制作检验的试块。加入外加剂时，应准确计量，投料顺序得当，搅拌均匀。混凝土搅拌应采用机械搅拌，搅拌时间不少于 2min。混凝土运输过程中应防止漏浆和离析。采用掺加抗裂纤维的细石混凝土时，应先加入纤维干拌均匀后再加水，干拌时间不少于 2min。

B. 混凝土的浇捣按“先远后近、先高后低”的原则进行。一个分格缝范围内的混凝土必须一次浇捣完成，不得留施工缝。混凝土宜采用小型机械振捣，如无振捣器，可先用木棍等插捣，再用小滚（30～40kg，长 600mm 左右）来回滚压，边插捣边滚压，直至密实和表面泛浆，泛浆后用铁抹子压实抹平，并要确保防水层的设计厚度和排水坡度。铺设、振动、滚压混凝土时必须严格保证钢筋间距及位置的准确。

C. 混凝土收水初凝后，及时取出分格缝隔板，用铁抹子第二次压实抹光，并及时修补分格缝的缺损部分，做到平直整齐；待混凝土终凝前进行第三次压实抹光，要求做到表面平光，不起砂、起皮、无抹板压痕为止，抹压时，不得洒干水泥或干水泥砂浆。

7）养护

待混凝土终凝后，必须立即进行养护，应优先采用表面喷洒养护剂养护，也可用蓄水养护法或稻草、麦草、锯末、草袋等覆盖后浇水养护，养护时间不少于 14d，养护期间保证覆盖材料的湿润，并禁止闲人上屋面踩踏或在上继续施工。

8）分格缝、变形缝等细部构造处理

分格缝处待混凝土完全硬化后，扫清浮沙，灌注密封材料。

3.5.2 施工要点和质量控制

混凝土原材料、配合比必须符合设计要求，细石混凝土防水层不得出现渗漏或积水。

细石混凝土刚性防水层，检查数量，按屋面面积每 100m²，抽查一处，每处 10m²，每一层面不少于 3 处。

1. 主控项目：所使用的细石混凝土的原材料及配合比必须符合设计要求。检验方法：检查出厂合格证、质量检验报告、计量措施和现场抽样复验报告，细石混凝土防水层的厚度和钢筋位置应符合设计要求。检验方法：观察和尺量检查。细石混凝土防水层不得有渗漏或积水现象。

检验方法：雨后或淋水、蓄水检验。检查屋面有无渗漏、积水和排水系统是否畅通，应在雨后或持续淋水 2h 后进行检查；有可能作蓄水检验的屋面宜进行蓄水检验，其蓄水时间不应少于 24h。

2. 一般项目：细石混凝土防水层的坡度必须符合设计要求，不得积水，可用坡度尺或浇水检查细石混凝土防水层应表面平整、压实抹光，不得有裂缝、起壳、起砂等缺陷。

泛水、檐口、分格缝及溢水口标高等做法应符合设计和规程规定。泛水、檐口做法正确，分格缝的设置位置和间距符合设计要求，分格缝和檐口平直，溢水口标高正确，可检查隐蔽工程验收规范及观察检查。实测项目及其要求见表 3-24。

实 测 项 目 **表 3-24**

项　目	允许偏差（mm）	检 验 方 法
平整度	±5	用 2m 直尺和楔形塞尺检查
分格缝位置	±20	尺量检查
泛水高度	≥120	尺量检查

3. 密封材料：检查数量，按屋面面积每 50m，抽查一处，每处 5m，每一层面不少于 3 处，主控项目：密封材料的质量必须符合设计要求。检验方法：检查出厂合格证、质量检验报告、计量措施和现场抽样复验报告，密封材料必须嵌填密实、连续、饱满，粘结牢固，无气泡、开裂、鼓泡、下榻或脱落等缺陷，厚度符合设计和规程要求；密封材料表面应平滑，封边应顺直，无凸凹不平现象

一般项目：嵌缝后的保护层粘结牢固，覆盖严密，保护层盖过嵌缝两边各不少于 20mm。密封材料嵌缝的板缝基层表面应平整密实，无松动、露筋、裂缝、起壳、起砂等缺陷。干燥干净，并涂刷基层处理剂。实测项目：密封防水接缝宽度的允许偏差为 ± 10mm，接缝深度为宽度的 0. 5～0. 7 倍。

3.5.3 施工资料记录

材料出厂合格证、质量检验报告、密封材料的使用说明书，材料现场抽样试验资料；细石混凝土、防水砂浆的配合比通知单，及其搅拌计量记录；刚性防水层混凝土以及防水砂浆的现场施工强度检测报告；基层变形缝、预制装配屋面板结构的端头

缝、内排水落水口周围等细部结构隐蔽检查记录；细石混凝土（或块体）防水层工程检验批质量验收记录；细部构造检验批质量验收记录。

【案例】　现象：某细石混凝土防水层出现各种形状不一的微细裂缝，造成屋面渗漏。基层为砂浆找平层，结构层为预制板。试从材料、施工等方面讨论原因与防治措施。

原因：

防治措施：

课后讨论

1. 试述刚性防水对所用材料的具体要求。
2. 刚性防水屋面的施工要点有哪些?

3.6　涂膜防水层施工工艺

学习目标

掌握涂膜防水层施工要点及质量控制

关键概念

防水涂料

涂膜防水通过涂布一定厚度高聚物改性沥青、合成高分子材料，经常温交联固化形成具有一定弹性的胶状涂膜，达到防水的目的。涂膜防水屋面适合防水等级为Ⅰ～Ⅳ屋面防水。

3.6.1　涂料材料和技术要求

涂料有厚质涂料和薄质涂料之分。厚质涂料有：石灰乳化沥青防水涂料、膨润土乳化沥青涂料、石棉沥青防水涂料、黏土乳化沥青涂料等。薄质涂料分三大类：沥青基橡胶防水涂料、合成树脂防水涂料。同时又分为溶剂型和乳液型两种类型。溶剂型涂料是高分子材料溶解于溶剂中形成的溶液。乳液型涂料是以水作为分散介质，是高分子材料以极微小的颗粒稳定悬浮于水中，形成的乳液，水分蒸发后成膜。

高聚物改性沥青防水涂料技术质量要求：固体含量、耐热度，柔性，不透水，延伸性，见表3-25；合成高分子防水涂料质量要求：固体含量、拉伸强度、断裂延伸

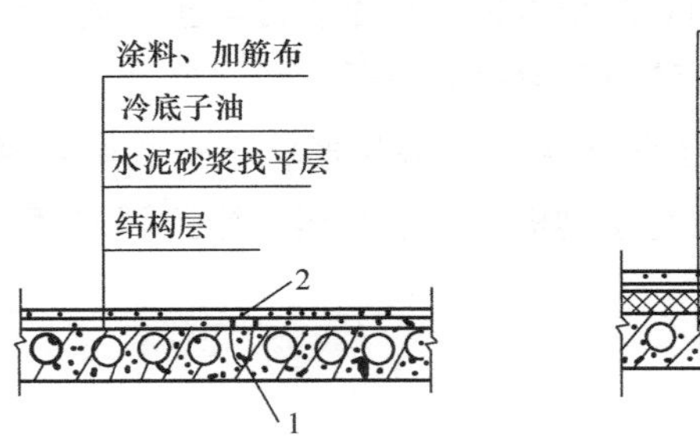

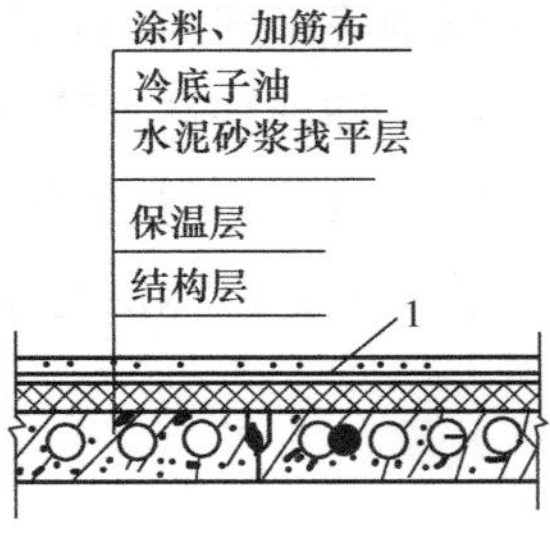

图 3-14 涂料防水屋面构造

(*a*) 无保温层涂料屋面；(*b*) 有保温层涂料屋面

1—细石混凝土；2—油膏嵌缝

率、柔性、不透水。

高聚物改性沥青防水涂料技术质量要求 表 3-25

项目		质量要求
固体含量（%）		≥43
耐热度（80℃，5h）		无流淌、气泡和滑动
柔性（-10℃）		3mm 厚，绕直径 20mm 圆棒无裂纹，断裂
不透水性	压力（MPa）	≥0.1
	保持时间	（≥30min）不渗透
延伸（20±2℃）（mm）		≥4.5

3.6.2 涂膜屋面的技术要求

1 施工前进行图纸会审，掌握施工图中各种细部构造要求及防水处理。

2 编制施工方案，确定材料种类、用量，人员计划，工程进度等。

3 施工前根据设计要求试验确定每道涂料的涂布厚度和遍数，应在涂布的图层干燥固化成膜后，涂布后一遍涂料。工程中常见的一布四涂做法见图 3-15。

4 各涂层之间涂布方向应相互垂直，涂层间每遍涂布的退槎和接槎应控制在 50～100mm。

5 管道根部直径 500mm 范围内，找平层应抹出高度不小于 30mm 的圆台，其根部四周应铺贴胎体增强材料，高度和宽度不应小于 300mm，管道上涂膜收头处应用防水涂料多道涂刷，并应用密封材料封严。

6 采用两层胎体增强材料时，上下层不得相互垂直铺贴，搭接缝应错开，其间距不小于幅度的 1/3。

7 胎体增强材料应加铺在涂层中间，下面涂层厚度不小于 1mm，上层涂层不小于 0.5mm。

3.6.3　涂膜防水层施工

涂膜防水层不得有渗漏或积水现象。涂膜防水应根据防水涂料的品种分层分遍涂布，不得一次涂成；应待先涂的涂层干燥成膜后，方可涂后一遍涂料；需铺设胎体增强材料时，屋面坡度小于15%可平行屋脊铺设，屋面坡度大于15%时应垂直屋脊铺设；胎体长边搭接宽度不应小于50mm，短边搭接宽度不应小于10mm；采用两层胎体增强材料时，上下层不得相互垂直铺设，搭接缝应错开，其间距不应小于幅宽的1/3。

涂膜防水层的厚度：高聚物改性沥青防水涂料，在屋面防水等级为Ⅱ级时不应小于3mm；合成高分子防水涂料，在屋面防水等级为Ⅲ级时不应小于1.5mm。

施工要点：防水涂膜应分层分遍涂布，第一层一般不需要刷冷底子油。待先涂的涂层干燥成膜后，方可涂布后一遍涂料。在板端、板缝、檐口与屋面板交接处，先干铺一层宽度为150～300mm塑料薄膜缓冲层，铺贴玻璃丝布或毡片应采用搭接法，长边搭接宽度不小于10mm，短边搭接宽度不小于100mm，上下两层及相邻两幅的搭接缝应错开1/3幅宽，但上下两层不得互相垂直铺贴。铺加衬布前，应先浇胶料并刮刷均匀，然后立即铺加衬布，再在上面浇胶料刮刷均匀，纤维不露白，用辊子滚压实，排尽布下空气。

必须待上道涂层干燥后方可进行后道涂料施工，干燥时间视当地温度和湿度而定，一般为4～24h。

涂膜防水屋面应设涂层保护层。

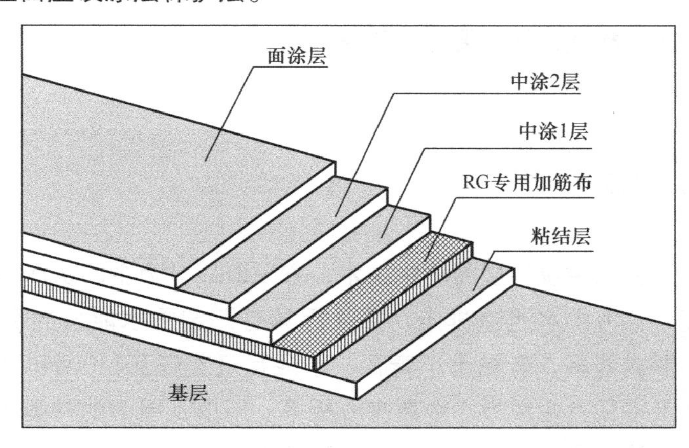

图3-15　涂膜增强做法：一布四涂

3.6.4　涂膜防水质量控制要点

(1) 涂料、胎体增强材料、密封材料和其他材料必须符合质量标准，现场抽样复检。

(2) 涂膜防水屋面施工后，应淋水或蓄水，必须做到无渗漏。

(3) 天沟、檐沟必须保证坡度准确。

(4) 细部防水构造必须严格按照设计要求施工。

(5) 涂膜表面平整，涂布均匀，不得有流淌、鼓泡、裸露胎体及翘边。

(6) 保证涂膜与防水层粘结牢固，涂膜厚度达到设计要求，最小厚度不小于设计厚度80%。

(7) 涂膜保护层：采用细砂，最后一遍涂料时，边涂边均匀铺撒，做浅色涂料保护时应在涂膜完全干燥后涂布保护层，上人屋面采取砂浆、块材、细石混凝土，应设置隔离层和分格缝。

课后讨论

1. 涂膜防水的细部节点如何做?
2. 涂膜防水层如何控制施工质量?

3.7 坡屋面防水施工

学习目标

掌握坡屋面防水构造、施工要点及质量控制

关键概念

坡屋面　防水施工

瓦屋面防水是我国传统的屋面防水技术，它采取以排为主的防水手段，在10%～50%的屋面坡度下，将雨水迅速排走，并采用具有一定防水能力的瓦片搭接进行防水。瓦片材料和形式繁多，有黏土小青瓦、水泥瓦（英红瓦)、油毡瓦、装饰瓦、琉璃瓦、筒瓦、粘土平瓦、金属板、金属夹心板等。所以瓦屋面的种类也很多，有平瓦屋面、青瓦屋面、筒瓦屋面、石板瓦屋面、石棉水泥瓦屋面、玻璃钢波形瓦屋面、油毡瓦屋面、薄钢板瓦屋面、金属压型夹心板屋面等。

屋面用瓦，以英红瓦的防水能力最好，瓦与瓦叠合部位有两道凹槽止水，但是由于块体铺设的接缝太多，施工中不能完全保证瓦面的完善程度，因此，发生渗漏现象是很正常的，尤其在暴风雨和台风时更易发生渗漏。而且，瓦片在常年的日晒雨淋作用下会逐步碳化，表面风化剥落，并产生微细裂纹，使瓦片本身的防水能力下降甚至丧失。

从屋面的构造形式上看，斜坡屋面往往与平屋面交叉配置，并设有天窗、通风孔、排水沟、水箱等，屋面形式复杂、交接面多，节点数量多、防水设防难度大；而且由于各面的变形不一致，会导致交接处的应力集中，产生开裂现象；斜面与平面的交接处，不同防水材料的性能差异使交接处的节点处理难度加大，这些都会使屋面防水的难度增加。

为了弥补斜坡屋面的结构混凝土和面层瓦片防水能力的不足，应在结构层上设置防水层，与瓦片形成复合防水。斜坡屋面排水顺畅，积水的可能性很小，但是在与平屋面交接处、沿沟或与流水方向垂直的山墙根部等部位，常常会在暴雨时积水，所以在这些部位应做防水附加增强层，并用密封材料进行密封处理，做成全封闭形式，进行严密防水。钉有挂瓦条的，应对钉孔采取防水处理。

3.7.1　坡屋面防水材料

根据坡屋面的特点和防水设防的要求，用于坡屋面的防水材料，除要求防水效果好外，还要求强度高、粘结力大，在面层瓦的重力作用下，在斜坡面上不会发生下滑现象，同时也不会因温度变化引起性能的太大变化。采用强度高、粘结力不大的高分子材料，就必须采取必要的、复杂的技术措施。而且由于斜坡屋面构造形式复杂，采用防水卷材是不合适的。最适合于斜坡屋面的防水材料应该是强度高、粘结力大的防水涂料。聚合物水泥防水涂料和聚合物防水砂浆的推广应用，使斜坡屋面的防水有了可靠的基础，聚合物水泥防水涂料和聚合物防水砂浆的抗渗性好、强度高，尤其是粘结力，比普通水泥砂浆大好几倍，且不受气温影响。聚合物防水砂浆具有很好的韧性，能适应屋面混凝土的干缩和温差引起的裂缝而不开裂，也有较大的延伸率，对基层的裂缝有更好的适应能力，这两种材料是目前斜坡屋面防水材料的最佳选择。

3.7.2　坡屋面构造

按照建筑坡屋面 002J201-1（2003），其结构层以上构造层，根据其防水等级和是否设计保温层，主要有以下构造：

（1）砂浆卧瓦结构，无保温层，防水等级为Ⅱ级屋面构造见图3-16。

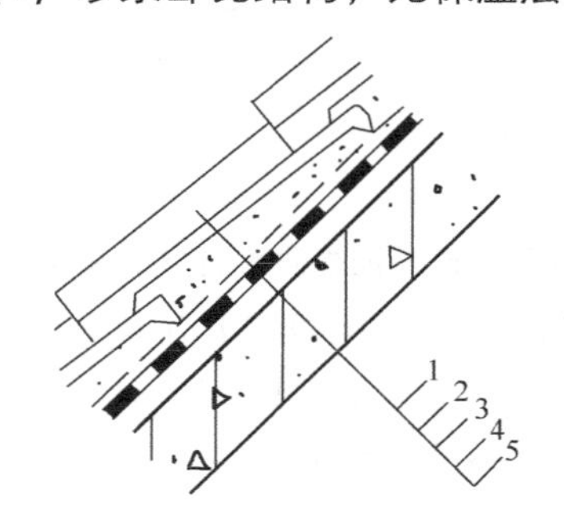

1. 块瓦

2. 1∶3水泥砂浆卧瓦层，最薄处20，内配ϕ6@500×500钢筋网

3. 高聚物改性沥青防水卷材3mm，合成高分子涂膜厚度大于2mm

4. 1∶3水泥砂浆找平层15mm

5. 钢筋混凝土屋面板

图3-16　砂浆卧瓦结构，无保温层，防水等级为Ⅱ级

(2) 砂浆卧瓦结构，有保温层，防水等级为Ⅱ级屋面构造见图 3-17。

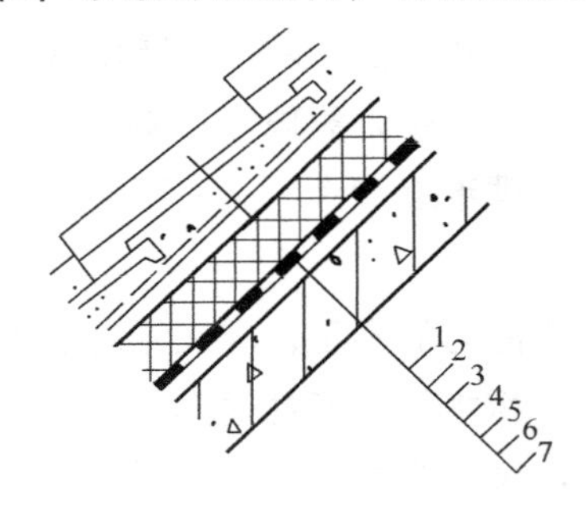

1. 块瓦

2. 1∶3 水泥砂浆卧瓦层，最薄处 20mm，内配 $\phi 6@500\times500$ 钢筋网

3. 1∶3 水泥砂浆找平层 20mm

4. 保温或隔热层厚度设计

5. 高聚物改性沥青防水卷材 3mm

6. 1∶3 水泥砂浆找平层 15mm

7. 钢筋混凝土屋面板

图 3-17　砂浆卧瓦结构，有保温层，防水等级为Ⅱ级

(3) 钢挂瓦条结构，无保温层，防水等级为Ⅱ级屋面构造见图 3-18。

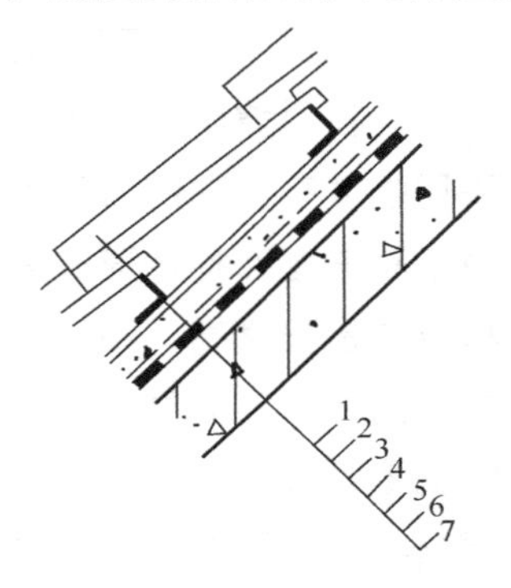

1. 块瓦

2. 挂瓦条 L30×4，中距按瓦材规格

3. 顺水条一25×5，中距 600mm

4. 细石混凝土找平层　内配 $\phi 6@500\times500$ 钢筋网 35mm

5. 高聚物改性沥青防水卷材 3mm
合成高分子涂膜厚度大于 2mm

6. 1∶3 水泥砂浆找平层 15mm

7. 钢筋混凝土屋面板

图 3-18　钢挂瓦条结构，无保温层，防水等级为Ⅱ级

(4) 钢挂瓦条结构，保温层，防水等级为Ⅱ级屋面构造见图 3-19。

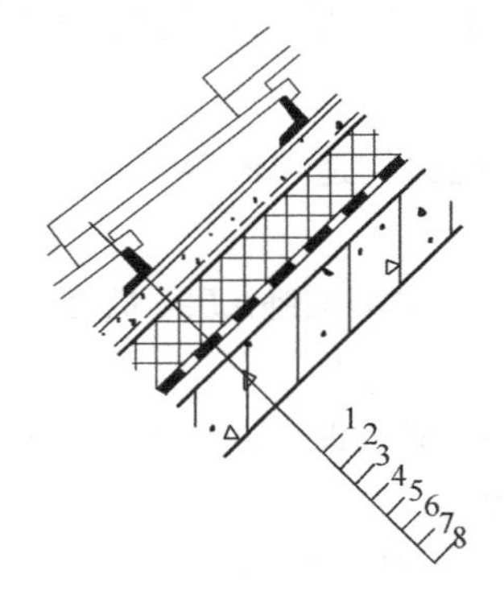

1. 块瓦

2. 挂瓦条 L30×4，中距按瓦材规格

3. 顺水条一25×5，中距 600mm

4. 细石混凝土找平层（内配 $\phi 6@500\times500$ 钢筋网）35mm

5. 保温或隔热层

6. 高聚物改性沥青防水卷材 3mm
合成高分子涂膜厚度大于 2mm

7. 1∶3 水泥砂浆找平层 15mm

8. 钢筋混凝土屋面板

图 3-19　钢挂瓦条结构，有保温层，防水等级为Ⅱ级

（5）钢挂瓦条结构，无保温层，防水等级为Ⅲ级屋面构造见图3-20。

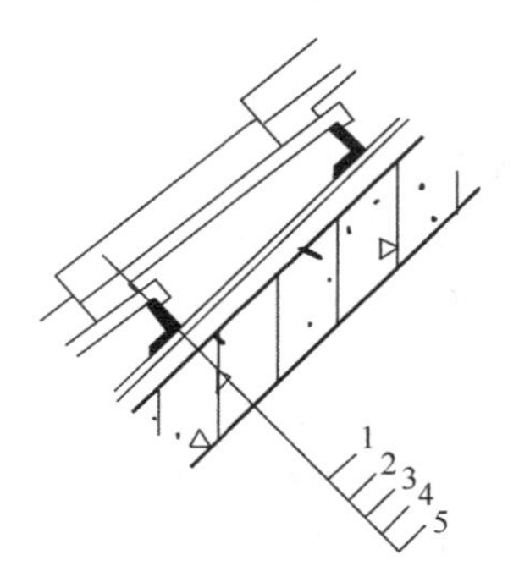

1. 块瓦
2. 挂瓦条 L30×4，中距按瓦材规格
3. 细石混凝土找平层（内配 ϕ6@500×500 钢筋网）35mm
4. 1∶3 水泥砂浆找平层 15mm
5. 钢筋混凝土屋面板

图 3-20 钢挂瓦条结构，无保温层，防水等级为Ⅲ级

（6）钢挂瓦条结构，有保温层，防水等级为Ⅲ级屋面构造见图3-21。

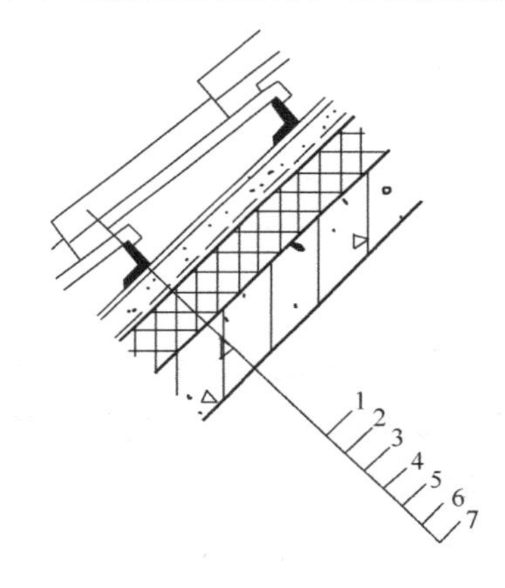

1. 块瓦
2. 挂瓦条 L30×4，中距按瓦材规格
3. 细石混凝土找平层 内配 ϕ6@500×500 钢筋网 35mm
4. 保温或隔热层
5. 高聚物改性沥青防水卷材 3mm
合成高分子涂膜厚度大于 2mm
6. 1∶3 水泥砂浆找平层 15mm
7. 钢筋混凝土屋面板

图 3-21 钢挂瓦条结构，有保温层，防水等级为Ⅲ级

（7）木挂瓦条结构，无保温层，防水等级为Ⅱ级屋面构造见图3-22。

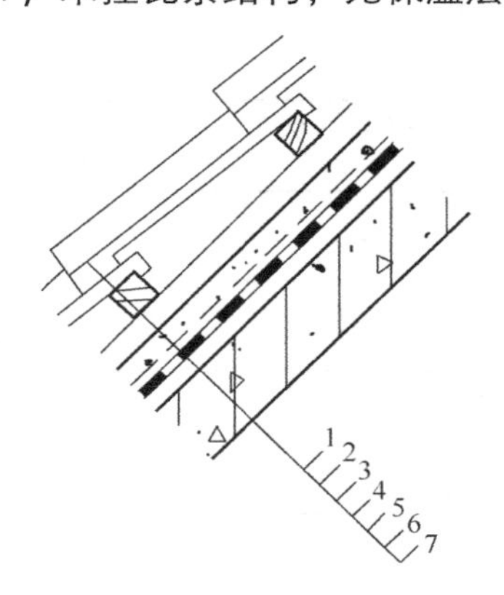

1. 块瓦
2. 挂瓦条 30×25（h），中距按瓦材规格
3. 顺水条 30×25（h）中距 500
4. 细石混凝土找平层内配 ϕ6@500×500 钢筋网 35mm
5. 高聚物改性沥青防水卷材 3mm
合成高分子涂膜厚度大于 2mm
6. 1∶3 水泥砂浆找平层 15mm
7. 钢筋混凝土屋面板

图 3-22 木挂瓦条结构，无保温层，防水等级为Ⅱ级

(8) 木挂瓦结构，有保温层，防水等级为Ⅱ级坡屋面构造见图 3-23。

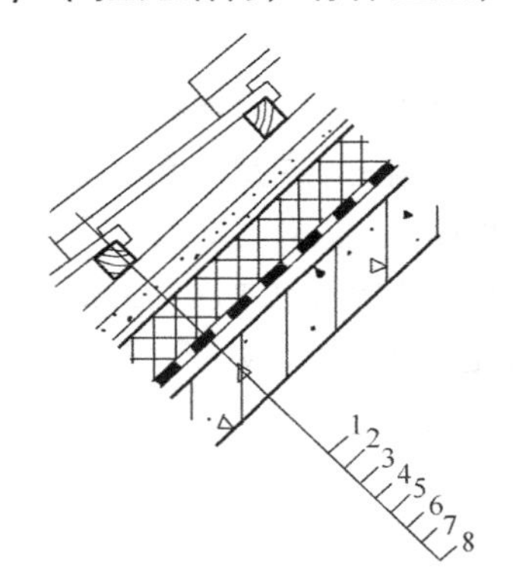

1. 块瓦
2. 挂瓦条 30×25 (h)，中距按瓦材规格
3. 顺水条 30×25 (h)，中距 500mm
4. 细石混凝土找平层（内配 ϕ6@500×500 钢筋网）35mm
5. 保温或隔热层
6. 高聚物改性沥青防水卷材 3mm
合成高分子涂膜厚度大于 2mm
7. 1∶3 水泥砂浆找平层 15mm
8. 钢筋混凝土屋面板

图 3-23　木挂瓦结构，有保温层，防水等级为Ⅱ级

3.7.3　坡屋面防水施工

1. 施工准备

(1) 材料准备

1) 平瓦

平瓦屋面是采用黏土、水泥等材料制成的平瓦铺设在钢筋混凝土或木基层上进行防水。它适用于防水等级为Ⅱ级、Ⅲ级、Ⅳ级以及坡度不小于 20% 的屋面。在大风或地震地区，平瓦屋面应采取措施使瓦与屋面基层固定牢固。

黏土平瓦及其脊瓦是以黏土压制或挤压成型，干燥焙烧而成。水泥平瓦及脊瓦是用水泥、砂加水搅拌经机械滚压成型，常压蒸汽养护后制成。瓦材进场后应进行质量验收，主要查看其规格、外观和表面缺陷情况。黏土平瓦及脊瓦的规格尺寸及质量要求分别见表 3-26、表 3-27、表 3-28。

黏土平瓦规格表　　　　**表 3-26**

项次	平瓦名称	规格(mm)	每块重量(kg)	每块有效面积(m^2)	每平方米(块)
1	黏土平瓦	(360～400)×(220～240)×(14～16)	3.1	0.053～0.067	18.9～15
2	水泥平瓦	(385～400)×(235～250)×(15～16)	3.3	0.062～0.07	16.1～14.3
3	硅酸盐平瓦	400×240×16	3.2	0.067	15
4	炉渣平瓦	390×230×12	3.0	0.062	16.1
5	水泥炉渣平瓦	400×240×(13～15)	3.2	0.067	15
6	炭化灰砂瓦	380×215×15		0.055	18.2
7	煤矸石平瓦	390×240×(14～15)、350×250×20		0.065 0.060	15.4 16.7
8	水泥大平瓦	700×500×15、690×430×(12－15)	14	0.26 0.22	3.8 4.5

黏土平瓦外观质量等级表 **表3-27**

项次	名称	允许偏差（mm）		检验方法
		一等	二等	
1	长度	±7	±7	用尺检查
	宽度	±5	±5	
2	翘曲不得超过	4	4	用直尺靠紧瓦面对角、瓦侧面检查
3	裂纹：使用面上贯穿裂纹	不允许	不允许	用尺量检查
	实用面上非贯穿裂纹长度不超过	30	30	
	搭接面上的贯穿裂纹	不允许	不得延伸到搭接部分的一半处	
	边筋	不允许断裂	不允许断裂	
4	瓦正面缺棱角（损坏部分的最大深度小于4mm不计）的长度不得超过	30	45	用尺量检查
5	边筋和瓦爪的缺残：边筋和残留高度不低于	2	2	用尺量检查
6	后爪	不允许	允许有一爪缺，但不得大于爪高1/3	
7	前爪	允许有一爪缺，但不得大于爪高1/3	允许有二爪缺，但不得大于爪高1/3	
8	混等率（指本等级中混入该等级以上各等级产品的百分率）	5%		5%

脊瓦规格重量表 **表3-28**

名称	规格（mm）	重量（kg）	每米屋脊（块）
黏土脊瓦	455×190×20	3.0	2.4
水泥脊瓦	455×165×15	3.3	2.4
	455×170×15		
	465×175×15		

2）钢筋规格及强度等级符合设计要求，进场前按照规范进行复试；

3）水泥砂浆具有良好的和易性，强度等级不低于M5；

4）挂瓦条规格符合选定要求，材质符合相应标准要求，表面经防腐处理；

5）钢钉材质符合相应标准，规格适于选定的顺水条、挂瓦条。

（2）主要机具

砂浆搅拌机、运输小车、铁锹、墨斗、锤子、灰铲、灰浆搅拌机、手提电动切割机、灰桶、瓦刀、铁抹子、铁皮抹子、托灰板、木工手槌、钢丝钳等。

(3) 作业条件

1) 开放式钢、木屋架檩条、椽条结构完整，质量符合表 3-29 规定。

檩条、椽条质量表 **表 3-29**

项次	项　　目		允许偏差(mm)	检 查 方 法
1	檩条、椽条的界面尺寸	10cm 以下	−2	每种各抽查 3 根，用尺量高度和宽度
		10cm 以上	−3	
2	圆木檩		−5	抽查 3 处，用尺量稍径，取最大值和最小值平均值
3	檩条上表面齐平	方木	5	每坡拉线，用尺量一处检查
		圆木	8	
4	悬臂檩接头位置		1/50 跨长	抽查 3 处，尺量检查
5	封檐板平直		8	每个工程抽查 3 处，拉 10m 线和尺量检查

2) 现浇混凝土屋面板密实，表面平整，坡度符合设计要求，基层已验收完毕。

2　防水施工操作

(1) 工艺流程

混凝土基层施工工艺流程见图 3-24。

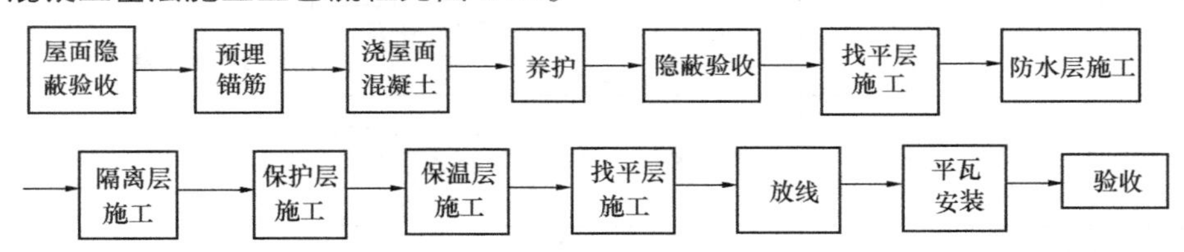

图 3-24　混凝土基层施工工艺流程

(2) 操作工艺

1) 屋面板施工：屋面坡度较大时应采用双面模板浇筑，坡度较小时采用单面模板浇筑，混凝土坍落度 70～90mm，小型振捣器振捣。从檐口到屋脊进行，然后拉通线，用木枋找坡，抹子压平，养护采用麻袋覆盖浇水保持湿度，不少于 7d。

2) 防水层施工

施工前先校正预埋锚筋位置是否正确，长度应满足伸出保温层 25mm。防水层施工时先对斜坡面与立面的交接处，天沟，檐沟、女儿墙等部位的防水层应采取合成高分层卷材、高聚物改性沥青防水卷材、金属板材或塑料板材的材料铺设。采用沥青防水卷材一般采用二毡三油，泄水管上端周围用密封膏封平。

合成高分子防水涂膜厚度不小于 2mm，施工方法按材料要求在屋面板内预留钢筋处，用密封膏封平。

高聚物改性沥青防水卷材厚度不小于 3mm，施工方法按材料要求在屋面板内预留钢筋处满粘 100mm×100mm×3mm 卷材，坡口处密封。

3) 隔离层一般采用干铺玻璃纤维布。

4）保护层容易开裂空鼓，应用纤维水泥砂浆以提高抗裂性，保护层施工结束后要有养护保证措施。

5）保温层材料采用 40mm 挤塑聚苯乙烯泡沫塑料板，安装时拼缝严密牢固，并根据施工条件进行固定。

6）找平层施工：用 40mm 厚 C20 细石混凝土中配 ϕ6@500mm×500mm 钢筋网，钢筋网应骑跨屋脊并绷直，与屋面板内屋脊和檐口处预埋 ϕ10 锚筋连接牢固（预留 ϕ10 拉结筋@1500）。细石混凝土坍落度 50～70mm，用木抹子拍打压实，不得露出钢筋。在屋面突出物相连处预留 30mm 宽缝并填密严实。

7）木基层上铺设卷材：应自下向上平行屋脊铺设，搭接应顺流水方向，卷材铺设时应压实铺平，上部工序施工时不得损坏卷材。卷材搭接长度不宜小于 100mm，并用顺水条将卷材压钉在木基层上，顺水条的间距为 500mm，再在顺水条上铺钉挂瓦条，也可在木基层上设计泥背的方法铺设，泥背的厚度宜为 30～50mm。

8）挂瓦屋面做法

A. 施工放线

无顺水条做法：先在距屋脊 30mm 处弹一平行屋脊的直线，确定最上一条挂瓦条的位置，再在距屋檐 50mm 处弹一平行屋脊的直线确定最下一条挂瓦条的位置，然后根据瓦片和搭接要求均分弹出中间部位的挂瓦条位置线，挂瓦条的间距保证上一层瓦的挡雨檐要将下排瓦的钉孔盖住。顺水条做法：先在两山檐边距檐口 50mm 处弹平行山檐的直线，然后根据两山檐距弹顺水条位置线，顺水条间距不大于 500mm，再弹挂瓦条线。

B. 挂瓦条安装

先将顺水条用水泥钉按@600mm 固定，木顺水条可选用 30mm×25mm 木枋，钢顺水条可选用 25mm×5mm 扁铁预先钻孔并调直。安装挂瓦条，将挂瓦条上棱平齐挂瓦条位置线固定在顺水条上，钢挂瓦条可选用 L30×6 型钢焊在顺水条上，木挂瓦条可选用 30mm×25mm 木枋钉在顺水条上，无顺水条时将挂瓦条直接固定在找平层上，此时挂瓦条下可用钢板垫块 40mm×40mm×5mm@600mm 或木垫块 50mm×50mm×10mm@500mm 做支撑代替。

C. 安装主瓦

从下到上，从左到右，注意调整瓦底间隙，将瓦铺平，固定，最后施工屋脊等细部。

9）砂浆卧瓦屋面做法

在砂浆保护层上施工放线，按照施工顺序进行主瓦铺贴，施工时按设计将主瓦片固定，在 30°以下的屋面铺瓦时，只需要在瓦片排水沟底部敷砂浆条，使主瓦平稳地挂在砂浆上，瓦爪紧贴屋面即可，当坡度大于 30°或设计要求固定时，可用双股 18 号钢丝绑扎瓦片固定在钢筋网上并且瓦底砂浆要饱满，最后安装檐口瓦、脊瓦、排水沟瓦。

10）应注意的问题

A. 保证木基层上的油毡不缺残破裂，铺钉牢固，油毡与屋檐平齐，自下向上铺，横跨屋脊互相搭接至少 100mm，在屋脊处应挑出 25mm；

B. 瓦的材质应符合设计要求，挂瓦时相互扣搭安装块瓦的边筋（左右侧）风雨檐（上下搭接部位）搭接要满足瓦材的产品施工要求；

C. 瓦缝应避开当地暴雨的主导风向。

3.7.4 施工要点和质量控制

平瓦及其脊瓦应边缘整齐，表面光洁，不得有分层，裂纹和露砂等缺陷。平瓦的瓦爪与瓦槽的尺寸应配合适当。平瓦不得有缺角（边、瓦爪）、砂眼、裂纹和翘曲等缺陷。挂瓦应平整，搭接紧密，并满足相应的搭接宽度及长度，行列横平竖直，靠屋脊一排应挂上整瓦；檐口出檐尺寸一致，檐头平直整齐。屋脊要平直，脊瓦搭口和脊瓦与平瓦的缝隙、沿山墙挑檐的平瓦、斜沟瓦与排水沟的空隙均应用麻刀灰浆抹平，封固严密。挂瓦次序必须是从檐口由下到上，自左至右的方向进行。

1　主控项目

（1）平瓦及其脊瓦的质量必须符合设计要求。检验方法：观察检查和检查出厂合格证或质量检验报告。

（2）平瓦必须铺置牢固。地震设防地区或坡度大于 50% 的屋面，必须用镀锌钢丝或铜丝将瓦与挂瓦条扎牢。检验方法：观察和手扳检查。

2　一般项目

（1）挂瓦条应分档均匀，铺钉平整、牢固；瓦面平整，行列整齐，搭接紧密，檐口平直。检验方法：观察检查。

（2）脊瓦应搭盖正确，间距均匀，封固严密；屋脊和斜脊应顺直，无起伏现象。检验方法：观察和手扳检查。

（3）泛水做法应符合设计要求，顺直整齐，结合严密，无渗漏。检验方法：观察检查和雨后或淋水检查。

平瓦屋面允许偏差及有关尺寸要求和检验方法见表 3-30。

平瓦屋面的有关尺寸要求和检验方法　　表 3-30

项次	项　目	搭盖尺寸（mm）	检验方法
1	脊瓦在两坡面瓦上的搭盖宽度	≥50	用尺量检查
2	瓦伸入天沟、檐沟的长度	50～70	
3	天沟、斜沟、檐沟防水层伸入瓦内长度	≥150	
4	瓦头挑出封檐板的长度	50～70	
5	突出屋面的墙或烟囱的侧面瓦探入泛水宽度	≥50	

3.7.5 成品保护和安全施工

瓦的运输：运输时应轻拿轻放，不得抛扔、碰撞。现场要求长边侧立，码放，宜一顺一倒合拢靠紧、堆垛要整齐，堆高以 5～6 层为宜，砂浆勾缝应随勾随清洁瓦面。

采用砂浆卧瓦做法时砂浆强度未达到要求不得走动或踩踏。

屋面上瓦两坡同时进行时，应保持屋面受力平衡，瓦要放稳，屋面无望板时应铺设通道，不准在桁条及挂瓦条上行走，屋面无女儿墙，临边部位应搭设安全防护栏或防护脚手架，并按要求挂密目网。

课后讨论

1. 坡屋面防水等级为Ⅰ、Ⅱ级构造是什么?

2. 什么是卧瓦施工和挂瓦施工?

3. 材料题：某正置式平屋面，设计防水等级为二级，其中一道为SBS改性沥青防水卷材，设计两道保温层，其中一道为水泥膨胀珍珠岩整体现浇，另一道为聚苯乙烯挤塑板，上人屋面，保护层材料自定，施工工期短，冬季室内采暖。

(1) 根据以上条件，在保证屋面施工质量下降低工程成本，确定屋面构造层有哪些? 并说明原因?

(2) 确定该屋面各个构造层的施工先后顺序?

(3) 该屋面坡度如何形成? 在施工过程中采取什么措施保证找坡准确?

(4) 该屋面是否需要设置排气道? 若需要设置，施工要点是什么?

(5) 该屋面防水层质量控制要点是什么?

(6) 该屋面保护层应选什么材料? 施工要点是什么?

3.8 屋面工程验收

学习目标

了解屋面工程各分部工程组成及验收

关键概念

屋面工程验收

3.8.1 屋面分部与分项

屋面工程是单位工程的一个分部工程，因为屋面的防水、保温材料多，施工工艺复杂，所以按防水材料的种类和屋面构造形式将屋面工程划分为五个子分部工程，每个子分部工程又根据构造层次或材料划分成分步工程，以便于验收工作的进行。

屋面工程各子分部工程和分项工程的划分见表 3-31。

屋面分部与分项工程　　表 3-31

	子分部工程	分　项　工　程
分部工程	卷材防水屋面	保温层、找平层、卷材防水层、细部构造
	涂膜防水屋面	保温层、找平层、涂膜防水层、细部构造
	刚性防水屋面	细石混凝土防水层、密封材料嵌缝、细部构造
	瓦屋面	平瓦屋面、油毡瓦屋面、金属板材屋面、细部构造
	隔热屋面	架空屋面、蓄水屋面、种植屋面

3.8.2　屋面施工质量检查

屋面工程施工应建立各道工序的自检、交接检和专职人员检查的“三检”制度，并有完整的检查记录，即操作人员和班组长在施工过程中应经常检查已完成部分的质量情况，工序完成后，仔细检查本道工序的质量情况，对存在的施工缺陷及时进行修补，自检合格后，由专职质量员对该工序质量进行检查，并填写检查验收记录，还应经监理单位（或建设单位）检查验收，合格后方可进行下道工序的施工；下道工序的操作人员在施工前应对前道工序的质量进行检查，在确保前道工序合格的前提下，才可继续施工，以免出现前道工序遭到损坏仍继续施工的现象。在屋面工程施工前，应事先提出相应的检验内容、工具和要求，施工过程中加强中间检验和工序检验，只有对质量缺陷在施工过程及早发现，立即补救，消除隐患，才能确保防水层的质量。

质量检验批是按统一的生产条件或按规定的方式汇总起来供检验用的，由一定数量样本组成的检验体，是工程验收的最小单位，是分项工程乃至整个建筑工程质量验收的基础。屋面工程施工质量检验批量是指分项工程验收时抽样检验的数量，对屋面工程的各个分项工程，在施工过程中条件基本相同的前提下，规定施工质量检验批量如下：

1. 卷材防水屋面、涂膜防水屋面、刚性防水屋面、瓦屋面和隔热屋面工程，应按屋面面积每 100m^2 抽查一处，每处 10m^2，且不得少于三处；

2. 接缝密封防水，每 50m 应抽查一处，每处 5m，且不得少于三处；

3. 细部构造是防水工程的重点部位，在历次的屋面工程渗漏情况调查中，屋面渗漏绝大部分是细部节点渗漏引起的，故细部构造应根据分项工程的内容进行全数检查。

3.8.3　屋面施工验收程序和组织

1　检验批由监理工程师（建设单位项目技术负责人）组织施工单位项目专业质量（技术）负责人进行验收；

2　分项工程由监理工程师（建设单位项目技术负责人）组织施工单位项目专业质量（技术）负责人进行验收；

3　屋面工程的子分部工程由总监理工程师（建设单位项目负责人）组织施工单位项目负责人和技术、质量负责人等进行验收；

4　屋面分部工程由总监理工程师（建设单位项目负责人）组织施工单位项目负责人和技术、质量负责人等进行验收；

5　单位工程完工后，施工单位先自行组织有关人员进行检查评定，并向建设单位提交工程验收报告，建设单位收到工程验收报告后，由建设单位负责人组织施工、设计、监理等单位负责人进行单位（子单位）工程验收。

3.8.4　质量验收合格判定

1　屋面工程各分项工程的施工质量检验批：各检验批的主控项目和一般项目的质量抽样检验合格；具有完整的施工操作依据和质量检查记录，则判定该检验批合格。

2　分项工程：分项工程所含的检验批均符合合格质量的规定；分项工程所含的检验批的质量验收记录完整，则判定该分项程合格。

3　子分部工程：子分部工程所含分项工程的质量均验收合格；质量控制资料完整，则判定屋面分部工程合格。

4　分部工程：屋面分部工程所含子分部工程的质量均验收合格；质量控制资料完整；功能检验结果符合有关规定，则判定屋面分部工程合格。

单元小结

本章主要介绍了屋面保温层、找平层、防水层的施工准备、施工工艺及质量控制等知识。施工员应重点掌握施工前原材料进场验收、施工准备、施工工艺流程及每步质量控制，同时对安全施工也应进行交底，并能完成屋面防水施工方案编写。

单元课业

课业名称：根据内容编写屋面防水施工方案

时间安排：2周

一、课业说明

编写施工方案是施工员必备的工作技能。本课业为实际工程案例，要求学生能在规定时间内编写基本能指导施工的施工方案，通过查找规范、图集，使学生掌握施工方案的框架结构，巩固本章知识，锻炼查阅资料能力和组织编写能力。

二、背景知识

教材：教材3.4；3.5；3.6内容

参考资料：建筑工程施工工艺标准，屋面工程技术规范，屋面工程验收规范，平屋面构造，坡屋面构造。

三、任务内容

工程位于某市内，由主楼和裙楼房组成，主楼地下2层，地上21层。主楼屋面主要由坡屋面和休息平台屋面组成，坡屋面工程量为1085㎡，平屋面工程量为236㎡，排水檐沟长度238m，坡屋面采用聚氨酯防水涂料防水和陶瓦共同防水，平屋面防水层采用卷材防水，缸砖做保护层，主楼屋面防水等级为Ⅱ级。裙房屋面全为平屋面，防水层采用卷材防水，保温层采用板块状材料现贴。缸砖做保护层，工程量为907m^2，防水等级为Ⅱ级。

防水卷材：三元乙丙橡胶防水卷材

防水涂料：聚氨酯防水涂料

瓦屋面：水泥瓦

坡屋面构造：现浇混凝土斜屋面楼板，80mm聚苯板保温层，20mm水泥砂浆找平层，2mm聚氨酯防水层，20mm钢丝网聚合物砂浆，砂浆卧瓦。

平屋面：结构层—保温层—找平层—防水层—保护结合层—缸砖面层。屋面坡度3%，檐沟坡度2%。

细部构造：高低跨，女儿墙，出屋面管道，变形缝，直雨水口，女儿墙内檐沟。

四、课业要求

1. 查阅资料计算防水卷材和瓦需用量；
2. 根据相关规范确定雨水口的位置；
3. 确定细部构造做法；
4. 确定工艺流程及施工要点；
5. 确定质量控制项目和控制措施。

单元 4

厕浴间防水施工与外墙防水控制

引　言

建筑室内防水应遵循“以防为主、防排结合、迎水面防水”的原则。建筑室内防水通常主要包括厕所、卫生间、厨房间、水池、泳池、桑拿间，淋浴间、按摩池等，厨房防水主要用于酒店、饭店有特殊防水要求的工程。本章主要介绍厕浴间涂料防水施工及外墙渗漏的部位和原因。

学习目标

了解厕浴间防水材料、防水施工工艺及质量控制
了解外墙渗漏的部位、原因和施工控制等

4.1 厕浴间防水施工

学习目标

掌握厕浴间防水材料、防水施工工艺与质量控制

关键概念

厕浴间防水　防水涂料

厕浴间特点是：穿过楼地面或墙体的管道多，用水量大且使用频繁集中，空间虽小形状却较为复杂，阴阳角多，管道周围缝隙多，加之工种复杂，交叉施工，互相干扰，防水施工难度较大。厕浴间防水工程既要解决地面防水，防止水渗漏到下层结构内，又要解决墙面防水，以防止水渗漏到同一墙体的另外一侧。厕浴间很容易出现渗漏，厕浴间渗漏水已成为目前住宅建设中返修量最大的质量通病，据市场抽查，厕浴间渗漏率达到 48.15%，因此厕浴间防水在施工中应给予足够重视。厕浴间的防水有三个特点：一是不受大自然气候的影响，温度变化不大，对材料的延伸率要求不高；二是面积小，阴阳角多，穿楼板管道多；三是墙面防水层上贴瓷砖，要求防水层应与水泥砂浆粘结性好。根据以上三个特点，只有涂料最合适。

4.1.1 厕浴间防水材料

厕浴间、厨房等室内小面积复杂部位的地面防水，宜选用防水涂料或刚性防水材料做迎水面防水，也可选用柔性较好且易与基层粘贴牢固的防水卷材；墙面防水层宜选用刚性防水材料或经表明处理后与粉刷层有较好结合性的其他防水材料；顶面防水层应选用刚性防水材料做防水。当厕浴间、厨房有较高防水要求时，应做两道防水层，但应考虑复合防水材料使用的相容性。

用于厕浴间的防水涂料的种类主要有四类，合成高分子类、高聚物改性沥青类、沥青类和水泥基类。常用的防水涂料主要品种有：聚氨酯类（焦油聚氨酯类，沥青聚氨酯类），高聚物改性沥青类，以及聚合物水泥类。本节重点讲述用于工业与民用建筑厕、浴间地面的聚氨酯、氯丁胶乳沥青施工。

4.1.2　聚氨酯防水涂料厕浴间防水施工

1. 施工准备

(1) 聚氨酯防水涂料

聚氨酯防水涂料是一种反应型涂料，以单组分或双组分形式使用，双组分形式使用的由甲组分和乙组分按规定比例配合后，发生化学反应，由液态变为固态，形成较厚的防水涂膜。工程中常用的聚氨酯防水涂料其辅助材料及其作用见表4-1，聚氨酯防水涂料的技术要求见表4-2。

主体材料：甲组分：异氰酸基含料，以（3.5±0.2）%为宜。乙组份：羟基含量，以0.7±0.1%为宜。

聚氨酯防水涂料主要辅助材料　　表4-1

辅助材料	作　用
磷酸或苯磺酰氯	凝固过快时，作缓凝剂
二月桂酸二丁基锡	凝固过慢，作促凝剂用
二甲苯、乙酸乙酯	清洗施工工具用、清洗手上凝胶用
108胶	修补基层用
玻璃丝布（幅宽90cm，14目）或无纺布	胎体增强材料
石渣	ϕ2mm左右，粘结过渡层用
水泥	补基层用

聚氨酯防水涂料技术要求　　表4-2

项　目	技术要求
固体含量	≥93%
抗拉强度	≥0.6MPa
延伸率	≥300%
柔度	在－20℃绕ϕ20mm圆棒无裂纹
耐热性	在85℃。加热5h，涂膜无流淌和集中气泡
不透水性	动水压0.2MPa恒压1h不透水

(2) 主要机具

电动搅拌器、拌料桶、油漆桶、塑料刮板、铁皮小刮板、橡胶刮板、弹簧秤、油漆刷(刷底胶用)、滚动刷（刷底胶用)、小抹子、油工铲刀、笤帚、消防器材等。

(3) 作业条件

1）穿过厕浴间楼板的所有立管、套管均已做完并经验收，管周围缝隙用1∶2∶4豆石混凝土填塞密实（楼板底需支模板)。穿楼板的管道防水做法参看图4-1。

2）厕浴间地面垫层已做完，向地漏处找2%坡，厚度小于30mm时用混合砂浆，大于30mm厚用1∶6水泥焦渣垫层。

3）厕浴间地面找平层已做完，表面应抹平压光、坚实平整，不起砂，含水率低于9%（简易检测方法：在基层表面上铺一块1m^{2}橡胶片，静置3～4h，覆盖橡胶板部位无明显水印，即视为含水率达到要求)。

4）找平层的泛水坡度应在2%以上，局部不得积水，与墙交接处及转角均要抹成小圆角。凡是靠墙的管根处均抹出5%坡度，避免此处存水。

5）在基层做防水涂料之前，在以下部位用建筑密封膏封严：穿过楼板的立管四周、套管与立管交接处、大便器与立管接口处、地漏上口四周等。

6）厕浴间做防水之前必须设置足够的照明及通风设备。

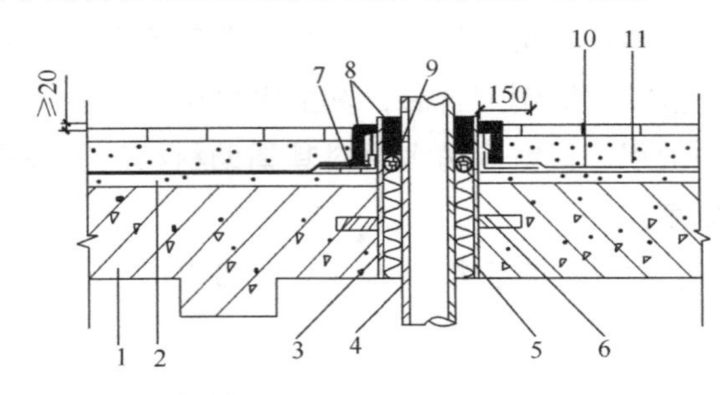

图4-1　穿楼板防水做法

1—结构楼板；2—找平找坡层；3—防水套管；4—穿楼板管道；5—阻燃密实材料；6—止水环；7—附加防水层；8—高分子密封材料；9—背衬材料；10—防水层；11—地面砖及结合层

7）易燃、有毒的防水材料要各有防火设施和工作服、软底鞋。

8）操作温度保持+5℃以上。

9）操作人员应经过专业培训、持上岗证，先做样板间，经检查验收合格后，方可全面施工。

2　防水施工操作

（1）聚氨酯防水涂料施工工艺流程（图4-2）

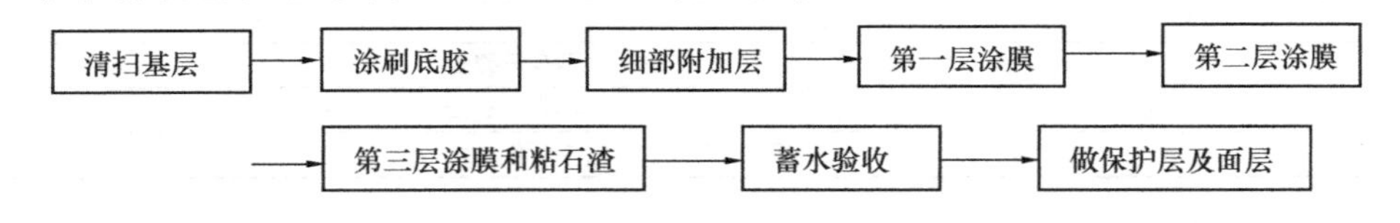

图4-2　聚氨酯防水涂料施工流程

（2）操作步骤

1）清扫基层：用铲刀将粘在找平层上的灰皮除掉，用扫帚将尘土清扫干净，尤其是管根、地漏和排水口等部位要仔细清理。如有油污时，应用钢丝刷和砂纸刷掉。表面必须平整，凹陷处要用1∶3水泥砂浆找平。

2）涂刷底胶：将聚氨酯甲、乙两组分和二甲苯按1∶1.5∶2的比例（重量比）配合搅拌均匀，即可使用。用滚动刷或油漆刷蘸底胶均匀地涂刷在基层表面，不得过薄也不得过厚，涂刷量以0.2kg/m²左右为宜。涂刷后应干燥4h以上，才能进行下一工序的操作。

3）细部附加层：将聚氨酯涂膜防水材料按甲组分∶乙组分=1∶1.5的比例混合搅拌均匀，用油漆刷蘸涂料在地漏、管道根、阴阳角和出水口等容易漏水的薄弱部位均匀涂刷，不得漏刷（地面与墙面交接处，涂膜防水拐墙上做100mm高）。

4）第一层涂膜：将聚氨酯甲、乙两组分和二甲苯按1∶1.5∶0.2的比例（重量比）配合后，倒入拌料桶中，用电动搅拌器搅拌均匀（约5min），用橡胶刮板或油漆刷刮涂一层涂料，厚度要均匀一致，刮涂量以0.8～1.0kg/m² 为宜，从内往外退着操作。

5）第二层涂膜：第一层涂膜后，涂膜固化到不粘手时，按第一遍材料配比方法，进行第二遍涂膜操作，为使涂膜厚度均匀，刮涂方向必须与第一遍刮涂方向垂直，刮涂量与第一遍相同。

6）第三层涂膜：第二层涂膜固化后，仍按前两遍的材料配比搅拌好涂膜材料，进行第三遍刮涂，刮涂量以0.4～0.5kg/m² 为宜，涂完之后未固化时，可在涂膜表面稀撒干净的ϕ2～ϕ3mm粒径的石渣，以增加与水泥砂浆覆盖层的粘结力。在操作过程中根据当天操作量配料，不得搅拌过多。如涂料黏度过大不便涂刮时，可加入少量二甲苯进行稀释，加入量不得大于乙组分的10%。如甲、乙组分混合后固化过快，影响施工时，可加入少许磷酸或苯磺酚氯化缓凝剂，加入量不得大于甲组分的0.5%；如涂膜固化太慢，可加入少许二月桂酸二丁基锡作促凝剂；但加入量不得大于甲组分的0.3%。涂膜防水做完，经检查验收合格后可进行蓄水试验，24h无渗漏，可进行面层施工。

4.1.3　氯丁胶乳沥青防水涂料厕浴间防水施工

1. 施工准备

氯丁胶乳沥青防水涂料施工准备与聚氨酯防水涂料相似。其涂料技术性能见表4-3。

氯丁胶乳沥青防水涂料技术性能　　表4-3

项　目	技　术　要　求
外观	深棕色乳状液
固体含量	≥43%
粘结强度	≥0.67MPa
柔度	−10℃绕ϕ10mm圆棒无裂纹
耐热性	80℃，5h无变化
不透水性	动水压0.1MPa，恒压0.5h不透水

2. 施工工艺

(1) 工艺流程（图4-3）

(2) 操作步骤

1）基层处理：先检查基层水泥砂浆找平层是否平整，泛水坡度是否符合设计要求，面层有坑凹处时，用水泥砂浆找平，用钢丝刷、扁铲将粘结在面层上的浆皮铲掉，最后用扫帚将尘土扫干净。

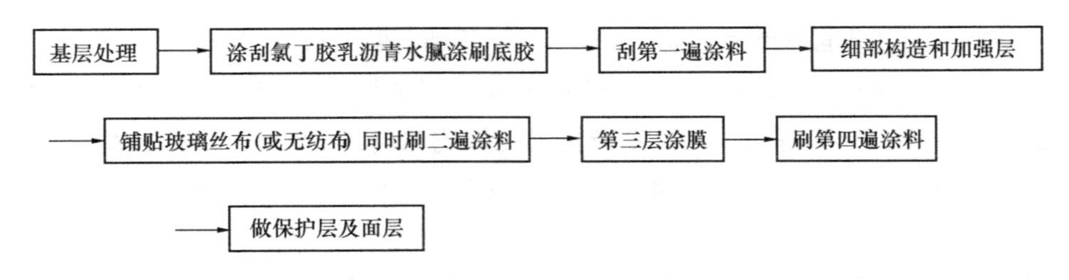

图 4-3 氯丁胶乳沥青防水涂料施工流程

2）基层满刮氯丁胶乳沥青水泥腻子：将搅拌均匀的氯丁胶乳沥青防水涂料倒入小桶中，掺少许水泥搅拌均匀，用刮板将基层满刮一遍，管根和转角处要厚刮并抹平整。

3）第一遍防水涂料：根据每天使用量，将氯丁胶乳沥青防水涂料倒入小桶中，下班时将余料倒回大桶内保存，防止干燥结膜影响使用。待基层氯丁胶乳水泥腻子干燥后，开始涂刷第一遍涂料，用油漆刷或滚动刷蘸涂料满刷一遍，涂刷要均匀，表面不得有流淌、堆积现象。

4）细部构造和加强层：阴角、阳角先做一道加强层，即将玻璃丝布（或无纺布）铺贴于上述部位，同时用油漆刷刷氯丁胶乳沥青防水涂料。要贴实、刷平，不得有折皱。管子根部也是先做加强层，可将玻璃丝布（或无纺布）剪成锯齿形，铺贴在套管表面，上端卷入套管中，下端贴实在管根部平面上，同时刷氯丁胶乳沥青防水涂料，贴实、刷平。地漏、蹲坑等与地面相交的部位也先做两层加强层。如果墙面无防水要求时，地面的防水涂层往墙面四周卷起 100mm 高，也做加强层。

5）铺玻璃丝布（或无纺布），同时刷第二遍涂料：细部构造层做完之后，可进行大面积涂布操作，将玻璃丝布（或无纺布）卷成圆筒，用油漆刷蘸涂料，边刷，边滚动玻璃丝布（或无纺布）卷，边滚边铺贴，并随即用毛刷将玻璃丝布（或无纺布）碾压平整，排除气泡，同时用刷子蘸涂料在已铺好的玻璃丝市（或无纺布）上均匀涂刷，使玻璃丝布（或无纺布）牢固的粘结在基层上，不得有漏涂和皱折。一般平面施工从低处向高处做，按顺水接茬从里往门口做，先做水平面后做垂直面，玻璃丝布（或无纺布）搭接不小于 100mm。

6）第三遍防水涂料：待第二层涂料干燥后，用油漆刷或滚动刷满刷第三遍防水涂料。

7）第四遍防水涂料：第三遍涂料干燥后，再满刷最后一遍涂料，表面撒一层粗砂，干透后做蓄水试验。

8）蓄水试验：防水层涂刷验收合格后，将地漏堵塞，蓄水 20mm 高，时间不少于 24h，若无渗漏为合格，可进行面层施工。氯丁胶孔沥青防水涂料的涂布遍数和玻璃丝（或无纺布）的层数，均根据设计要求去操作。

4.1.4 防水涂料施工质量控制

1 施工质量控制要点

（1）所用涂膜防水材料的品种、牌号及配合比，应符合设计要求和国家现行有关标准的规定。对防水涂料技术性能四项指标必须经试验室进行复验合格后，方可使用。

（2）涂膜防水层与预埋管件、表面坡度等细部做法，应符合设计要求和施工规范的规定，不得有渗漏现象（蓄水 24h 观察无渗漏）。

（3）找平层含水率低于 9%，并经检查合格后，方可进行防水层施工。

（4）涂膜层涂刷均匀，厚度满足设计要求，不露底。保护层和防水层粘结牢固，紧密结合，不得有损伤。

（5）底胶和涂料附加层的涂刷方法、搭接收头，应符合施工规范要求，粘结牢固、紧密，接缝封严，无空鼓。

（6）表层如发现有不合格之处，应按规范要求重新涂刷搭接，并经有关人员认证。

（7）涂膜层不起泡、不流淌，平整无凹凸，颜色亮度一致，与管件、洁具、地脚螺丝、地漏、排水口等接缝严密，收头圆滑。

2　应注意的质量问题

（1）涂膜防水层空鼓、有气泡：主要是基层清理不干净，底胶涂刷不匀或者是由于找平层潮湿，含水率高于 9%，涂刷之前未进行含水率试验，造成空鼓，严重者造成大面积起鼓包。因此在涂刷防水层之前，必须将基层清理干净，并做含水率试验。

（2）地面面层做完后进行蓄水试验，有渗漏现象。涂膜防水层做完之后，必须进行第一次蓄水试验，如有渗漏现象，可根据渗漏具体部位进行修补，甚至于全部返工，直到蓄水 20mm 高，观察 24h 不渗漏为止。地面面层做完之后，再进行第二遍蓄水试验，观察 24h 无渗漏为最终合格，填写蓄水检查记录。

（3）地面存水排水不畅：主要原因是在做地面垫层时，没有按设计要求找坡，做找平层时也没有进行补救措施，造成倒坡或凹凸不平，而存水。因此在做涂膜防水层之前，先检查基层坡度是否符合要求，与设计不符时，应进行处理后再做防水。

（4）地面二次蓄水做完之后，已合格验收，但在竣工使用后，蹲坑处仍出现渗漏现象：主要是蹲坑排水口与污水承插接口处未连接严密，连接后未用建筑密封膏封密实，造成使用后渗漏。在卫生洁具活安装后，必须仔细检查各接口处是否符合要求，再进行下道工序。

3　成品保护

涂膜防水层操作过程中，不得污染已做好饰面的墙壁、卫生洁具、门窗等。涂膜防水层做完之后，要严格加以保护，在保护层未做之前，任何人员不得进入，也不得在卫生间内堆积杂物，以免损坏防水层。地漏或排水口内防止杂物塞满，确保排水畅通。蓄水合格后，不要忘记要将地漏内清理干净。面层进行施工操作时，对突出地面的管根、地漏、排水口、卫生洁具等与地面交接处的涂膜不得碰坏。

4.1.5 施工质量记录

1. 聚氨酯、氯丁胶乳沥青、SBS 橡胶改性沥青等防水涂料，必须有生产厂家合格证，施工单位的技术性能复试试验记录；
2. 防水涂层隐检记录，蓄水试验检查记录；
3. 防水涂层分项工程质量检验评定记录；

课后讨论

1. 涂膜防水施工的质量控制要点是什么?
2. 如何控制涂布质量?

4.2 外墙防水施工控制

学习目标

了解外墙渗漏的原因、渗漏部位及渗漏控制

关键概念

外墙　防渗

外墙防渗漏的质量好坏，直接影响到建筑物的立面装饰效果，影响到建筑物的使用功能。外墙渗漏严重将会降低工程结构的耐久性、安全性，导致立面装饰材料失光失色、影响人们工作和生活。外墙饰面一般根据建筑物的外立面高度和饰面材料分为3个防水等级，外墙饰面的防水等级与设防要求参见表 4-4。

外墙饰面的防水等级与设防要求　　表 4-4

项　目	防水等级		
	Ⅰ	Ⅱ	Ⅲ
外墙类别	特别重要的建筑物或外墙面高度超过 60m，或墙体为空心砖，轻质砖、多孔材料，或面砖、条砖、大理石等饰面，或对防水有较高要求的饰面材料	重要的建筑或外墙高度为 20～60m，或墙体为实心砖或陶瓷粒砖等饰面材料	一般建筑物或外墙高度为 20m 以下，或墙体为钢筋混凝土或水泥砂浆类饰面
设防要求	防水砂浆厚 20 或聚合物水泥砂浆 7mm	防水砂浆厚 15 或聚合物水泥砂浆 5mm	防水砂浆厚 10 或聚合物水泥砂浆 3mm

4.2.1　外墙渗漏原因

1　材料原因导致外墙渗漏

（1）砌筑砂浆和外墙面打底砂浆未严格按配合比拌制，有些搅拌不均匀，导致局部砂浆强底低，不够密实、饱满、容易引起渗漏水。

（2）外墙饰面砖缺角破损，铝合金门窗材质不合格，铝合金窗框与墙体连接处四周所用的防水密封材料质量不合格。

2　施工原因导致外墙渗漏

（1）未严格控制每层砌体的砖皮数，使顶皮砖无法按规定斜砌，灰缝砂浆不饱满，当砂浆收缩后，多孔砖墙就有一定的沉降，造成顶皮砖与梁底接缝处极易产生裂缝引起渗水。

（2）外墙混凝土柱与砌体连接处漏埋拉结筋或拉结筋设置不牢，拉结筋间距、数量、长度不符合规范要求，由于温度膨胀系数差异较大，导致连接处开裂，是渗漏水的多发部位。

（3）砌体灰缝不饱满，尤其是竖缝不饱满，即使满足了砌体验收规范中规定的80%饱满度要求，也还有20%孔隙；在基底清理，找平层施工之前，未能很好地将缝隙填补或填补不密实。

（4）由于外墙局部砌体垂直度、平整度误差，而靠局部加厚粉刷层来调直调平，由于局部找平层砂浆厚度不一，致使粉刷层收水快慢不同，容易发生表面裂缝和脱壳。

（5）多孔砖与混凝土柱梁交接处表面的抹灰未采取防止开裂的加强措施。

（6）面砖粘贴前，浸水时间不足，粘贴时操作者为了便于施工，经常是非满浆粘贴，造成饰面砖的边缘10mm以内没有水泥浆，使饰面层存在着大量纵横渗水通道。

（7）饰面砖缝宽一般为5～8mm，采用普通水泥砂浆勾缝，如勾缝不密实或缺乏淋水养护，会出现毛细孔隙或干缩裂缝，成为渗漏水的入口，是外墙面渗漏的一个主要原因。

（8）铝合金门窗与面砖的连接处，缝隙填塞不密实，或未留出打密封胶的缝槽，造成门窗周边渗漏。

4.2.2　外墙渗漏的部位

外墙产生渗漏的常见部位有：

1. 阳台、雨篷、空调机隔板倒坡渗漏；
2. 窗洞口细部构造部位渗水；
3. 塑钢窗（或铝合金）门窗框缝隙处的渗漏；
4. 施工外爬架等机具预留的施工孔洞，管线处渗漏；
5. 剪力墙对穿拉螺栓处渗漏；

6. 结构与填充墙结合部处渗漏；

7. 外墙外保温墙面高低不平、裂缝、保温层脱落等，都会从其缝隙处渗漏；

8. 落水管卡具根部渗漏。

4.2.3 外墙渗漏控制

1 砌筑控制

(1) 外墙砌筑要求：

砌筑时避免墙体重缝、透光，砂浆灰缝应均匀，墙体与梁柱交接面，应清理干净，砖砌体应湿润，砌筑墙体不可一次到顶，应分二至三次砌完，以防砂浆收缩，使墙体充分沉实，还要注意墙体平整度检测，以防下道工序批灰过厚或过薄。

(2) 墙体孔洞检查及处理：

抹灰前应检查墙体孔洞，封堵外墙身的各种孔洞，不平整处用 1∶3 水泥砂浆找平，如遇太厚处，应分层找平，或挂钢筋网，粘结布等批灰，另对脚手架、塔吊、施工电梯的拉结杆等在外墙留下的洞口应清洁湿润，用素水泥浆扫浆充分，再用干硬性混凝土分 2 次各半封堵，先内后外，充分捣固密实，水落管卡子钻孔向下倾斜 3°～5°，卡钉套膨胀胶管刷环氧树脂嵌入，严禁使用木楔。

(3) 混凝土外墙修补

混凝土外墙局部出现少量胀模、蜂窝麻面现象，根据实际情况采取如下方法对混凝土表面进行修补：

A. 胀模修补，首先将不符设计和规范要求的凸出混凝土部分凿除，并清理干净，其次用钢丝刷或加压水洗刷基层，然后用 1∶2 或 1∶2.5 水泥砂浆找平，最后洒水养护 14d。

B. 蜂窝修补（所有发现的蜂窝麻面均面积较小无深孔现象），首先对混凝土面上的松动的石子、混凝土屑凿去，并清理干净，其次在修补前，保持修补基面的干净、湿润，然后用 1∶2 或 1∶2.5 的水砂浆找平，最后洒水养护 14 天。

2 确保找平层的施工质量

(1) 找平层抹灰前的工作：

应注意砌体抹灰前表面的湿润，喷洒水充分，砌体部分与混凝土部分交接处的外墙面在抹灰前要用 200mm 宽 16 号钢丝网片覆盖并加以固定，以抵抗因不同材料的膨胀系数不同而引起的开裂。对混凝土墙面的浮浆、残留的模板木屑，露出的钢筋、钢丝一定要清理干净，以利抹灰砂浆与基层粘结牢固。

(2) 找平层抹灰时应注意：砂浆应严格按配比进行，严格计量，控制水灰比，严禁施工过程中随意掺水；对抹灰砂浆应分层抹灰，尤其是高层建筑，局部外墙抹灰较厚，这就需要进行分层批灰，每层抹灰厚度不应超过 20mm，如厚度过大，在分层处应设钢丝网；抹灰砂浆可用聚合物防水砂浆；外墙抹灰脚手架拉接筋等，应切割后，喇叭口抹实压平，终凝后，可用铁抹子切成反槎，然后再刷一道素水泥浆。

3　确保外墙面砖的施工质量

(1) 镶贴面砖前应先检查找平层有无空鼓、起壳、裂缝和不平整，如有应及时修补合格，然后用纯水泥浆（掺 10%108 胶）在找平层上满刷一遍并进行拉毛处理。

(2) 面砖应符合产品质量要求，镶贴前应对面砖颜色均匀否，平整翘角边否进行精选，面砖应提前 1～2h 浸入水池，用时晾干表面浮水。

(3) 面砖可用 1∶1 水泥细砂浆镶贴，镶贴时先在面砖背面刮一层 7mm 厚掺 108 胶薄浆，以弥补不平和增强粘结力，面砖镶贴时应压紧搓挤到位，挤浆使窄缝饱满，余浆及时清除。

(4) 面砖粘贴完毕后及时勾缝，勾缝宜用 1∶1 聚合物防水砂浆，以减弱水泥砂浆的脆性，一般缝道设置宽度约为 8mm，勾缝顺序须水平和垂直缝同时进行，缝的形式为凹缝，略低于面砖 2～3mm。勾缝完毕后，进行检查无漏勾或其他疵病后，用棉丝将面砖表面揩擦干净。最后进行洒水养护。

(5) 为防止面砖及粘结层开裂造成墙面渗漏，可在每层楼板边梁上、下留设 2 道水平分格缝，使面砖粘结层分离。分格缝应清理干净并在拆除外脚手架前填入耐候胶，胶面与瓷砖面平。阴角部位也采用耐候胶封闭。

4　确保门窗施工质量

在进行门窗安装前需对门窗洞尺寸进行检查，对尺寸偏差较大的要进行处理，以免因窗框周边缝过大或过小影响塞缝质量，一般要求框边与洞口间缝宽约 20 ㎜。安装必须按规范，横平竖直，进行固定，并做好隐蔽工程验收。窗框固定好后，经用聚合物防水砂浆对窗框周边进行塞缝，塞缝前先刷一道水泥防水砂浆以利于砂浆粘结，塞缝要压实、饱满，绝不能有透光现象出现，检查确认塞缝质量后方可继续进行窗框周边抹灰施工。水泥砂浆粉饰的窗套天盘必须做好滴水线。水泥砂浆刮糙后面砖贴面的天盘外口必须比里口低。门窗安装、粉饰成型后，要进行产品保护，门窗不能被破坏。

5　确保屋面施工质量

屋面与外墙面联系紧密，屋面节点设计和施工至关重要。《屋面工程技术规范》(GB 500345—2004) 及《屋面工程质量验收规范》(GB 50207—2002) 明确要求应做好一头（防水层的收头），二缝（变形缝，分格缝），三口（水落口、出入口、檐口）和四根（女儿墙根、设备根、管道根、烟囱根）等泛水部位的细部构造处理。对于解决屋面节点渗漏水问题，从设计上，要求设计人员对这些部位强化处理，详细出图。充分考虑结构变形、温差变形、干缩变形、振动等影响，采用节点密封、防排结合、刚柔互补、多道设防等做法满足基层变形的需要。从施工上，施工前应制定屋面防水施工专项方案，对施工人员要详细交底，让他们对操作要点做到心中有数，以确保节点防水的可靠性。

采用连续淋水法，可用 ϕ20mm 的水管，采用 3kPa 压力水，在建筑物顶层连续淋水 6h，观察内墙面和窗边四周有无渗水痕迹。

课后讨论

1. 调查一下周围建筑外墙渗漏情况及渗漏主要部位，分析一下可能的原因?
2. 框架结构外墙施工应采取哪些措施控制渗漏?

单元小结

本章主要介绍了楼地面防水即厕浴间防水施工工艺与外墙渗漏的原因及如何在施工过程中进行施工防水控制。厕浴间防水材料主要为防水涂料，施工重点控制基层质量、涂刷质量及节点防水；外墙防水控制应从砌筑要求、缺陷修补、饰面质量及门窗施工质量等方面进行。

单元课业

课业名称：编写一厕浴间防水施工方案

时间安排：1 周

一、课业说明

通过本课业，让学生查阅资料、图集和规范，编写一楼地面防水施工方案。巩固本章防水施工工艺，质量控制等内容。

二、背景知识

教材：本章 4.1

参考资料：楼地面防水施工图集、规范

三、任务内容

某浴室地面防水面积 80m^2，墙面及顶棚面积 160m^2。采用涂料防水。内部设有排水沟、淋浴间及池子。现浇板预留上下水管孔洞。采用两种涂料防水，一种为水泥基，一种为聚氨酯改性沥青类。面层为瓷砖，墙面铺贴高度为1.8m。根据上述材料编写一防水施工方案。

四、课业要求

方案体现：

1. 施工材料、机具及施工工艺和节点做法
2. 施工质量控制措施及质量保证措施
3. 安全环保措施

参 考 文 献

[1] 陈年和．建筑施工技术[M]．北京：化学工业出版社，2001.

[2] 地下防水工程质量验收规范 [S]．(GB 50208—2002)

[3] 屋面防水工程质量验收规范[S]．(GB 50201—2002)

[4] 屋面工程技术规范[S]．(GB 50345—2004)

[5] 建筑室内防水工程技术规程[S]．(CECS 196：2006)

[6] 聚合物水泥、渗透结晶型防水材料应用技术规程[S]．(CECS 195：2006)

[7] 防水涂料实验方法[S]．(GB/T 16777—2008)

[8] 沥青基防水卷材用基层处理剂[S]．(JC/T 1069—2008)

[9] 建筑地面工程施工质量验收规范[S]．(GB 50209—2002)

[10] 坡屋面建筑构造[S]．GJBT—529(00J202—1)

[11] 地下建筑防水构造[S]．GJBT—586(02J301)

[12] 平屋面建筑构造[S]．GJBT—510(03J201)

[13] 工程做法[S]．GJBT—882(05J909)

[14] 地下工程防水技术规范[S]．(GB 50108—2008)

[15] 沈春林．新型防水材料施工做法[M]．北京：中国建筑工业出版社，2002.

[16] 中国建筑工程总公司．建筑工程施工工艺标准[M]．北京：中国建筑工业出版社，2003.

[17] 张健．建筑材料与检测[M]．北京：化学工业出版社，2003.

[18] 北京土木建筑学会．防水工程现场施工处理方法与技巧[M]．北京：机械工业出版社，2009.

[19] 孙世奎，仲兆金．房屋建筑学[M]．北京：煤炭工业出版社，2004.